Linda Salekwa
Paul Gwakisa
Morris Agaba

Epidemiologia molecular dos tripanossomas que infectam os seres humanos e os bovinos

Linda Salekwa
Paul Gwakisa
Morris Agaba

Epidemiologia molecular dos tripanossomas que infectam os seres humanos e os bovinos

Distrito de Simanjiro, Norte da Tanzânia

ScienciaScripts

Cover image: www.ingimage.com

This book is a translation from the original published under ISBN 978-3-659-78963-2.

Publisher:
Sciencia Scripts
is a trademark of
Dodo Books Indian Ocean Ltd. and OmniScriptum S.R.L publishing group

120 High Road, East Finchley, London, N2 9ED, United Kingdom
Str. Armeneasca 28/1, office 1, Chisinau MD-2012, Republic of Moldova, Europe
Printed at: see last page
ISBN: 978-620-8-25606-7

RESUMO

O estudo foi realizado para gerar dados empíricos necessários para modelar a dinâmica de transmissão da mosca tsé-tsé na estepe do Maasai. Especificamente, o estudo teve como objetivo determinar a abundância relativa das espécies de moscas tsé-tsé e as suas taxas de infeção relativas em diferentes habitats da estepe do Maasai. As moscas tsé-tsé foram capturadas durante a estação seca utilizando uma das três armadilhas: F 3, Epsilon ou armadilhas móveis. Foi recolhido um total de 1000 moscas, que foram identificadas como Glossina swynnertoni, Glossina pallidipes e Glossina morsitans morsitans.

A densidade aparente de moscas tsé-tsé foi mais elevada nos sítios situados perto do parque nacional de Tarangire, ocupados por uma variedade de espécies de vida selvagem. A distribuição global das espécies foi de 2%, 21% e 7% para Glossina swynnertoni, Glossina morsitans morsitans e Glossina pallidipes, respetivamente. Todas as 1000 moscas foram analisadas quanto à infeção por tripanossomas utilizando ensaios ITS-PCR e a taxa global de infeção foi de 3%, dos quais 13,3% das moscas infectadas estavam co-infectadas com Trypanosoma brucei e Trypanosoma vivax, enquanto 3,3% estavam co-infectadas com Trypanosoma congolense e T. vivax. Verificou-se que T. vivax era a espécie mais prevalente de tripanossomas, que foi identificada como infeção única e mista. As três espécies de tripanossomas foram detectadas em G.swynnertoni, mas G.m. morsitans apenas transportou T. vivax e T. brucei. Além disso, não foram detectados quaisquer tripanossomas infecciosos humanos quando as moscas positivas para T. brucei foram analisadas com primers específicos para o gene Serum Resistance Associated (SRA). Assim, este estudo confirmou a presença de espécies de tripanossomas infecciosos para bovinos, T. vivax e T. brucei e T. congolense no distrito de Simanjiro.

RECONHECIMENTO

Gostaria de aproveitar esta oportunidade para agradecer a Deus Todo-Poderoso pela sua mão poderosa que me conduziu em tudo o que fiz durante todo o meu tempo de investigação. Agradeço ao meu querido Senhor pela sua graça, misericórdia e amor na minha vida, especialmente nos momentos difíceis.

Paul Gwakisa pela sua disponibilidade, paixão e apoio durante todo o meu tempo de investigação, especialmente na redação dos meus artigos, bem como da minha dissertação.

Um agradecimento especial à direção do NM-AIST e ao projeto financiado pela OMS-TDR pelo apoio financeiro. Paul Gwakisa e ao Prof. Peter Hudson, à secretária Dra. Anna Estes e aos meus colegas Anibariki Ngonyoka, Happiness Nko e Meshack Saigilu pelo seu apoio e cooperação.

Os meus sinceros agradecimentos ao meu filho Donald Mnyeki, aos meus pais, Sr. e Sra. Peniel ole Saitabau, aos meus queridos irmãos, irmãs e amigos pela sua compreensão, apoio incessante, orações, conforto e encorajamento.

DEDICAÇÃO

Gostaria de dedicar o meu trabalho de investigação ao meu filho Donald Mnyeki, que tem sido a fonte de felicidade, esperança e inspiração desde que entrou na minha vida. Apreciei a sua compreensão e o seu amor, especialmente quando o deixava a maior parte do tempo a fazer o meu trabalho de investigação. Agradeço muito a Deus por me ter dado um filho tão querido e atencioso.

ÍNDICE DE CONTEÚDOS:

LISTA DE ABREVIATURAS E SÍMBOLOS

AAT Animals African Trypanosomiasis

bp base pairs

DNA Deoxyribonucleic Acid

EDTA Ethylenediaminetetraacetic acid

GPS Global Positioning System

HAT Human African Trypanosomiasis

HCL Hyrochloric

ITS Internal Transcribed Spacer

PCR Polymerase chain reaction

PAAT Programme Against African Trypanosomiasis

rDNA ribosomal deoxyribonucleic acid

SDS Sodium Dodecyl Sulphate

SRA Serum Resistance Associated gene

WHO World Health Organisation

CAPÍTULO 1

Introdução

1.1 Informações de base

1.1.1 Tripanossomíase e seus impactos nos países africanos

A tripanossomíase é uma doença zoonótica causada por um protozoário tripanossoma do género Trypanosoma. A doença é conhecida por afetar tanto os animais como os seres humanos. Nos seres humanos, é conhecida como tripanossomíase humana africana (doença do sono), enquanto nos bovinos é conhecida como tripanossomíase animal africana (nagana). A tripanossomíase tem sido um dos principais desafios que condicionam o sector agrícola em África. A tripanossomíase animal africana (TAA) é uma doença de importância veterinária, enquanto a THA é de importância médica na África Subsariana.

Os animais mantidos em zonas de risco moderado de tripanossomíase têm uma taxa de parto mais baixa, uma menor produção de leite e taxas mais elevadas de mortalidade dos vitelos do que os animais mantidos em zonas sem tripanossomíase.

Cerca de 40% das terras adequadas para pastagem e das zonas com elevado potencial agrícola estão atualmente infestadas pela mosca tsé-tsé. Estima-se que cerca de 4,4 milhões de animais e 4 milhões de pessoas correm o risco de contrair tripanossomíase transmitida pela mosca tsé-tsé na Tanzânia (Malele et al., 2003).

A AAT causa perdas nos animais devido à mortalidade e à redução da produção de leite, estimadas em 7,98 milhões de dólares por ano (Malele et al., 2012).

A doença diminui a produtividade na pecuária, reduz a densidade do gado em até 70%, a venda de carne e leite em 50%, as taxas de parto em 20% e a mortalidade de bezerros em 20% (Swallow, 2000).

A diminuição destes produtos contribui para a escassez de proteínas, bem como para o risco de segurança alimentar dos países africanos. Um aumento do número de seres humanos infectados com a doença do sono resultaria numa tremenda queda na força de trabalho da área, levando também a um maior declínio da economia. Por conseguinte, a tripanossomíase provou ser uma das principais causas de pobreza em muitos dos países africanos.

1.1.2 Os tripanossomas e o seu ciclo de vida

Os tripanossomas são protozoários unicelulares microscópicos unicelulares que utilizam dois hospedeiros: vertebrados e invertebrados para completar o seu ciclo de vida. Os tripanossomas são parasitas extracelulares que são injectados num hospedeiro vertebrado pela mosca tsé-tsé (invertebrado) durante a alimentação. Na fase metacíclica de tripomastigotas, os tripanossomas penetram no tecido cutâneo, entram no sistema linfático e passam para a corrente sanguínea. No interior do hospedeiro, transformam-se em tripomastigotas da corrente sanguínea, sendo depois transportados para outros locais através dos fluidos corporais, principalmente o sangue. Durante a alimentação, a mosca tsé-tsé é infetada com tripomastigotas da corrente sanguínea. No intestino médio da mosca, os parasitas transformam-se em tripomastigotas procíclicos, multiplicam-se por fissão binária, deixam o intestino médio e transformam-se em epimastigotas.

Os epimastigotas atingem as glândulas salivares da mosca e continuam a multiplicar-se por fissão binária e transformam-se em tripomastigotas metacíclicos (Fig.1). Dependendo da espécie de tripanossoma, ocupam diferentes localizações nas moscas tsé-tsé. Alguns encontram-se nas peças bucais e no intestino médio (vivax), outros nas glândulas salivares e no intestino médio (Nannomonas) e no intestino médio (tripanozoon).

O T. brucei rhodensiense e o T. brucei gambiense infectam os seres humanos, causando a tripanossomíase humana africana (THA), enquanto o T. congolense, o T. brucei brucei e o T. vivax são conhecidos por causar a tripanossomíase animal africana (Nagana) no gado (OMS, centro de média, 2012).

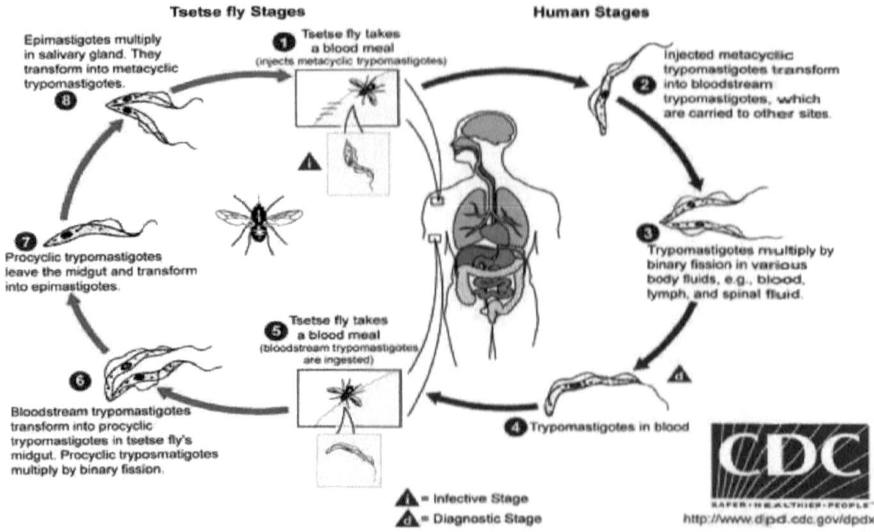

Figura 1: O ciclo de vida do Trypanosoma brucei (http://www.dpd.cdc.gov/dpdx)

1.1.3 Biologia da mosca tsé-tsé e seu papel na epidemiologia da tripanossomíase

As moscas tsé-tsé são insectos hematófagos obrigatórios, o que significa que sobrevivem apenas com uma dieta de sangue. As moscas tsé-tsé são vectores biológicos e mecânicos de tripanossomas. Através das suas picadas, as moscas infectadas são capazes de transmitir os tripanossomas do hospedeiro infetado para outros hospedeiros vertebrados. As moscas tsé-tsé são vectores da ordem Diptera e podem ser distinguidas de outras moscas que picam pelas suas peças bucais apontadas para a frente (probóscide) e pela venação caraterística das asas. Têm 6-15 mm de comprimento e alimentam-se de sangue, sendo os animais selvagens a principal fonte de sangue.

Uma fêmea de mosca tsé-tsé acasala apenas uma vez e, após 7-9 dias, produz um único ovo que se desenvolve em larva e, cerca de 9 dias depois, a mãe produz uma larva que se enterra no solo. A mãe continua a produzir uma única larva, aproximadamente a intervalos de nove dias, durante toda a sua vida de, no máximo, nove meses (Leak, 1999). O imago adulto emerge da pupa no solo após cerca de 30 dias. Durante um período de 12-14 dias, amadurece, acasala e, se for uma fêmea, deposita a sua primeira larva.

Existem três grupos de moscas tsé-tsé, Austenia (Glossina fusca), Nemorhina (Glossina palpalis) e Glossina (Glossina morsitans). Estes grupos diferem na sua capacidade de transmitir tripanossomas (Leak , 1999). As moscas do grupo Morsitans, com exceção da G.austeni, são bons vectores para todas as espécies de tripanossomas. O grupo Palpalis parece ser um mau vetor da maioria das espécies de tripanossomas, exceto Glossina fuscipes fuscipes, que pode ser o vetor de T.brucei gambiense e T.b. rhodensiense, bem como G. palpalis, G. fuscipes e G. tachinoides, que podem transmitir a tripanossomíase bovina. Duas espécies do grupo Fusca, G. brevipalpis e G. longipennis, são conhecidas por serem bons vectores de tripanossomas, especialmente T.congolense e T.vivax, mas maus vectores de tripanossomas de Trypanozoon.

A taxa de infeção da mosca tsé-tsé depende de uma série de factores (Jordan, 1986; Leak, 1999) que incluem:

(i) Factores endógenos; as taxas de infeção nas moscas tsé-tsé são mais elevadas se existirem taxas de infeção elevadas no hospedeiro preferido. Além disso, a capacidade das moscas tsé-tsé para apanhar tripanossomas de hospedeiros infectados varia consoante as espécies de moscas tsé-tsé. Além disso, as moscas mais velhas têm mais probabilidades de ter infecções maduras do que as mais novas.

(ii) Quando a mosca tsé-tsé faz a sua primeira refeição num hospedeiro infetado, a probabilidade de ser infetada é muito elevada. Devido à variação da sua composição genética, há espécies e subespécies de moscas tsé-tsé que podem ser facilmente infectadas por tripanossomas, enquanto outras não. A diferença na preferência alimentar é outro fator que pode influenciar as taxas de infeção nas moscas, uma vez que algumas moscas preferem hospedeiros que albergam tripanossomas infecciosos em títulos elevados. O estado fisiológico, como a gravidez, influencia a mosca tsé-tsé fêmea a alimentar-se de qualquer hospedeiro disponível para fins de reprodução, o que aumenta o risco de contrair tripanossomíase. Do mesmo modo, a infeção simultânea por vírus, bactérias e fungos inibe/facilita a infeção das moscas tsé-tsé pelos tripanossomas.

(iii) Factores ecológicos: A taxa de infeção nas moscas também pode ser influenciada pela disponibilidade de animais selvagens e domésticos infectados para alimentação subsequente, bem como por factores climáticos, por exemplo, temperatura, humidade e precipitação, que favorecem a presença de vectores e de hospedeiros reservatórios na área.

(iv) Factores do parasita e do hospedeiro: A suscetibilidade do hospedeiro à tripanossomíase também determina a taxa de infeção das moscas tsé-tsé. Um animal pode ser bastante resistente a uma espécie de tripanossoma e não sofrer qualquer doença quando exposto a ela. Por exemplo, o homem não sofre qualquer doença devido à exposição a T vivax ou T. congolense, nem a estirpes normais de T. brucei. Alguns hospedeiros podem apanhar um parasita tripanossoma sem aparentemente sofrerem qualquer dano. Muitos animais de caça parecem pertencer a este grupo. Algumas raças de gado africano podem tolerar um desafio de tripanossomas. As espécies de parasitas com uma elevada virulência e um gene de resistência, por exemplo o gene SRA, permitem a sobrevivência do parasita no hospedeiro. Isto é determinado principalmente pela composição genética do próprio parasita. A cor do hospedeiro influencia a picada da mosca tsé-tsé, por exemplo, o azul e o preto são as cores mais atractivas para as moscas tsé-tsé (Malele et al., 2011).

1.1.4 Papel da fauna selvagem na epidemiologia da tripanossomíase

Sabe-se que as moscas tsé-tsé se alimentam de qualquer hospedeiro adequado disponível de forma oportunista, mas quando há uma abundância de escolha, selecionam o seu hospedeiro com base em pistas olfactivas e visuais (Willemse e Tekken, 1994). Sabe-se que os animais selvagens, que constituem a principal fonte de farinha de sangue, são hospedeiros reservatórios de tripanossomas, mas parecem ser tolerantes à infeção, a não ser em condições de stress. Estudos realizados na Tanzânia por Muturi et al. (2011); Auty et al. (2012a) e Malele et al. (2011) sobre as refeições de sangue da mosca tsé-tsé revelaram que algumas espécies de animais selvagens são fontes preferidas de refeição de sangue por certas espécies de moscas tsé-tsé, por exemplo, G. pallidipes prefere Loxodonta africana (elefante da savana africana) e Phacochoerus africanus (javalis) e Bos taurus (gado), muitos G. swynnertoni alimentam-se de Syncerus caffer (búfalo africano) e Giraffa camelopardalis (girafa) e alguns de Phacochoerus africanus (javali) e Loxodonta africana (elefante da savana africana) em Serengeti e Sangaiwe (Muturi et al.;2011). A deteção de tripanossomas no sangue de animais selvagens efectuada por Iringana et al. (2012); Anderson et al. (2011) e Auty et al. (2012b) confirmou que algumas espécies de animais selvagens albergam tripanossomas infecciosos, por exemplo, T. congolense e T. brucei, que foram encontrados em leões e hienas desportivas, T. vivax em búfalos do Cabo, girafas e pivas e T. simiae em javalis no ecossistema do Serengeti.

Assim, as espécies de tripanossomas presentes na população de moscas tsé-tsé variam de acordo com a fauna local e as preferências alimentares das moscas. Além disso, a distribuição das moscas tsé-tsé num determinado habitat é também determinada pela disponibilidade de hospedeiros, em especial a fauna selvagem. Por conseguinte, a ausência/migração do hospedeiro preferido das moscas tsé-tsé conduziu à dinâmica da população de moscas tsé-tsé e, consequentemente, à tripanossomíase.

1.1.5 Técnicas de identificação de tripanossomas

Para avaliar o nível de ameaça causado pelas moscas tsé-tsé na população humana e bovina, é essencial um rastreio preciso e eficiente dos tripanossomas presentes nas moscas tsé-tsé (Gibson, 2009). A identificação de tripanossomas em hospedeiros vertebrados é feita através do exame da morfologia utilizando microscópios em sangue fresco ou esfregaços espessos e finos, enquanto a identificação em hospedeiros invertebrados é feita com base na morfologia, bem como na localização ocupada pelos tripanossomas nas moscas tsé-tsé. No entanto, algumas espécies não podem ser diferenciadas morfologicamente, por exemplo, T.brucei rhodensiense e T.b. gambiense. Do mesmo modo, verifica-se que algumas espécies de tripanossomas ocupam a mesma via de desenvolvimento num vetor, ou seja, T. congolense e T. simiae, pelo que não podem ser diferenciadas por localização. As técnicas moleculares foram concebidas para responder aos desafios acima referidos. As técnicas moleculares revelaram-se eficazes e exactas na identificação e discriminação das espécies de tripanossomas. A PCR com primers concebidos para amplificar alguns fragmentos de ADN tem sido utilizada frequentemente. Recentemente, foram desenvolvidos sistemas genéricos que podem potencialmente detetar todos os tripanossomas, como a amplificação do Internal Transcribed Spacer (ITS) e o código de barras de comprimento de fragmentos de fluorescência. Ambos utilizam a variação de tamanho interespécies no fragmento de PCR amplificado para discriminar as espécies de tripanossomas. Este método foi anteriormente utilizado por Adams et al., (2006,2008), Malele et al., (2003), Njiru et al., (2005) etc. para determinar as espécies de tripanossomas nas amostras do hospedeiro.

1.1.6 Situação da tripanossomíase na Tanzânia

Foram efectuados vários estudos na Tanzânia sobre a HAT e a Nagana. Estes estudos revelaram a presença de diferentes espécies de mosca tsé-tsé, bem como de tripanossomas infecciosos para o homem e para os animais em algumas partes do país. De acordo com Malele et al., (2003), G.

swynnertoni, G. morsitans, G. pallidipes, G. brevipalpis, G. longipennis, G. fuscipes martinii/ fuscipes e G. austeni são as espécies de mosca tsé-tsé encontradas em diferentes regiões da Tanzânia. A G. swynnertoni, a G. morsitans (sl), a G. pallidipes e a G. longipennis são espécies comuns de moscas tsé-tsé no norte da Tanzânia, que se verificou serem importantes na transmissão da tripanossomíase (Sindato et al.,2007 e Malele et al., 2003).

Kibona et al., (2004) relataram a situação da HAT na Tanzânia de 1986-2001, onde a doença foi registada em 23% das 25 regiões da Tanzânia. No entanto, em 2001, Kigoma (Kasulu, Kibondo), bem como Tabora (Urambo), foram registados como sendo os pontos críticos da doença do sono na Tanzânia. Jelinek et al. (2002) também registaram casos de doença do sono em turistas que visitaram os Parques Nacionais de Tarangire e Serengeti em 2001. Outro estudo efectuado por Sindato et al., (2007) no Parque Nacional de Tarangire e nas aldeias à sua volta no distrito de Babati, revelou a ausência de tripanossomas infecciosos humanos em amostras analisadas de seres humanos e de moscas tsé-tsé.

Foram detectados vários tripanossomas infecciosos para animais em diferentes regiões da Tanzânia, incluindo T. congolense (savana, kilifi), T. brucei, T. simiae (Tsavo), T. godfreyi e T. godfreyi-like por PCR. Estas espécies foram encontradas em Glossina pallidipes e G. brevipalpis que foram capturadas em Msubugwe-Tanga. As mesmas espécies de tripanossomas, à exceção de T. godfreyi-like, foram encontradas em G. swynnertoni e G. pallidipes capturados em Serengeti. A taxa de infeção nas três áreas foi de 6% por microscopia de intestinos médios dissecados e glândulas salivares (Malele et al., 2003). Em Rufiji, os tipos T. simiae, T. brucei, T. vivax e T. congolense, determinados por PCR, foram encontrados em G. pallidipes, G. brevipalpis, G. austeni e G. morsitans morsitans. A taxa global de infeção por microscopia foi de 6,6%. (Malele et al., 2011).

1.1.7 Tsé-tsé e tripanossomíase na estepe de Maasai

O ecossistema da estepe Maasai no Norte da Tanzânia e no Sul do Quénia tem cerca de 60.000 km^2 (Fig. 2). Embora seja o lar dos pastores e semi-nómadas Maasai, a área também inclui dois parques nacionais, áreas de conservação e zonas de caça. A região é semi-árida, com fortes padrões sazonais de precipitação que determinam a disponibilidade de água, a deslocação dos pastores, dos rebanhos associados e da vida selvagem e aumentam o potencial de transmissão de doenças entre hospedeiros selvagens e domésticos. Tanto a agricultura de subsistência como a agricultura mecanizada na estepe reduzem a disponibilidade de pasto e água para os rebanhos Maasai e a vida selvagem, facilitando um maior contacto com vectores e hospedeiros infecciosos e encorajando também o sobrepastoreio, que pode levar à invasão de arbustos e ao aumento da abundância de tsé-tsé. Antes da criação do Parque Nacional de Tarangire, os Maasai dependiam do rio Tarangire para obter água, mas atualmente são forçados a depender de barragens de terra para obter água permanente.

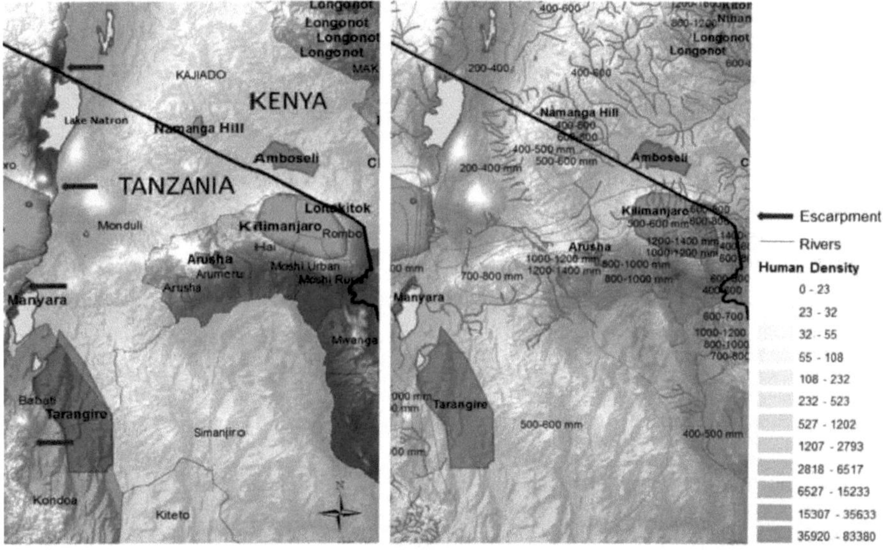

Figura 2: Mapa da área de estudo mostrando o distrito que inclui a estepe Maasai e a densidade humana

Mapa da estepe de Maasai mostrando os distritos que compreendem a estepe de Maasai, sob a sombra de uma colina DEM mostrando a elevação e o relevo (esquerda). Mapa da área de estudo mostrando as actividades humanas

densidade, topografia, contornos de precipitação média anual e condutores (direita). Os polígonos cinzentos escuros mostram as áreas protegidas.

1.2 Problema de investigação e justificação do estudo

A tripanossomíase tem sido um desafio para as comunidades pastoris devido aos seus efeitos sobre o efetivo pecuário e a saúde humana. A dinâmica da atividade humana, incluindo a pastorícia, a interface entre o gado e a vida selvagem, as alterações climáticas e os factores sócio-ecológicos-ambientais que a impedem têm sido as principais razões para o aumento da tripanossomíase em algumas sociedades. Os pastores foram forçados a deslocar-se para novas zonas à procura de boas pastagens e água para o seu gado, bem como de zonas para a agricultura. Algumas destas novas áreas estão infestadas de moscas tsé-tsé e, por conseguinte, expõem-nos ao risco de contrair tripanossomíase. A estepe Maasai é uma das áreas com maior interação entre animais selvagens, gado e seres humanos. Este estudo tem por objetivo determinar a abundância relativa das espécies de mosca tsé-tsé e as respectivas taxas de infeção na estepe do Maasai, em especial no distrito de Simanjiro. Estes dados serão utilizados para a calibração de modelos de transmissão de doenças resultantes das alterações climáticas e para a estimativa do risco de tripanossomíase para o homem e o gado na área de estudo.

1.3 Objectivos

1.3.1 Objetivo geral

Gerar dados empíricos necessários para estimar o risco de tripanossomíase humana e bovina na estepe de Masaai.

1.3.2 Objectivos específicos

1. Determinar a abundância relativa de espécies de mosca tsé-tsé perto de residências humanas, em torno de áreas de pastagem e em áreas próximas do Parque Nacional de Tarangire.
2. Determinar a prevalência de tripanossomas infecciosos para humanos e bovinos nas moscas tsé-tsé capturadas no distrito de Simanjiro.

1.4 Hipóteses/questões de investigação

- Qual é a abundância relativa e a distribuição das espécies de mosca tsé-tsé que circulam no distrito de Simanjiro?
- Qual é a prevalência de tripanossomas infecciosos em humanos ou bovinos no distrito de Simanjiro?

1.5 Importância da investigação

Este estudo tem por objetivo determinar a abundância e a distribuição das moscas tsé-tsé, bem como a prevalência de tripanossomas que infectam os seres humanos e o gado nas estepes de Maasai. Os dados recolhidos serão utilizados para estimar o risco representado pela tripanossomíase e modelar a dinâmica de transmissão da tsé-tsé. Além disso, os dados serão discutidos para permitir a mitigação participativa da tripanossomíase a nível da comunidade.

CAPÍTULO 2

Abundância relativa de moscas tsé-tsé e sua distribuição em diferentes tipos de habitat no distrito de Simanjiro

Resumo

O estudo foi concebido para determinar a abundância relativa das espécies de mosca tsé-tsé e a sua distribuição em diferentes habitats da área de estudo. A recolha da mosca tsé-tsé foi efectuada em julho e agosto de 2014.

A área de amostragem foi dividida em três zonas: residência humana, perto do Parque Nacional de Tarangire e zona de pastoreio com base nas alterações do uso do solo. Os locais dentro destas categorias foram identificados com base na cobertura vegetal. Obteve-se um total de 9 locais e, em cada local, foram colocadas quatro armadilhas na proporção de 3:1, Epsilon e F 3, respetivamente.

Uma mistura de atractivos: Acetona, fenóis e octanol foram utilizados para aumentar as capturas de moscas tsé-tsé. Foi capturado um total de 1000 moscas que foram identificadas como G. swynnertoni, G.m.morsitans e G. pallidipes com uma abundância de 72%, 21% e 7%, respetivamente.

A densidade aparente de moscas tsé-tsé, obtida através da medição das moscas tsé-tsé capturadas em cada armadilha por dia, revelou-se elevada nos locais situados na zona de pastagem e perto do Parque Nacional de Tarangire.

Foi observada uma baixa densidade aparente nas armadilhas localizadas perto de residências humanas e em zonas onde os hospedeiros eram limitados em número e variedade. Factores como a sazonalidade, as actividades antropológicas, a presença de hospedeiros e a cobertura vegetal podem ser determinantes destas variações na distribuição da densidade da mosca tsé-tsé.

2.1 Introdução

A mosca tsé-tsé está amplamente distribuída, mas não universalmente. A distribuição da mosca tsé-tsé é principalmente determinada e influenciada pela altitude, pela vegetação e pela presença de animais hospedeiros adequados.

A temperatura também desempenha um papel importante na determinação do limite de distribuição da mosca tsé-tsé; normalmente, temperaturas abaixo de 7°C e acima de 39°C são consideradas críticas, impedindo o desenvolvimento dos pupários (Zd'arek e Denlinger, 1993). Estudos realizados na Tanzânia de 2005 a 2007 (Malele et al., 2012) mostraram que a distribuição da mosca tsé-tsé foi alterada como resultado de mudanças no uso da terra, tais como assentamento humano e actividades associadas, desenvolvimento de infra-estruturas e políticas de reforma agrária.

Os grupos de moscas tsé-tsé ocupam diferentes habitats, dependendo da cobertura do solo e do clima de determinadas áreas. O grupo Fusca, com exceção de Glossina longipennis, encontra-se em florestas que habitam florestas tropicais ou manchas isoladas de floresta, juntamente com florestas ribeirinhas nas zonas de savana.

Os grupos Palpalis (subgénero Nemorhina) são encontrados principalmente em florestas de galeria, pântanos e em margens de águas com dossel fechado. O grupo Morsitans encontra-se em matas abertas e savanas florestais, mas também em orlas de florestas, matos dispersos ou campo aberto. A infestação de nove espécies de moscas tsé-tsé foi confirmada em 23% de todas as regiões da Tanzânia (Malele, 2003, Kibona, 2004).

As espécies de moscas tsé-tsé alimentam-se com base nas suas preferências e este tem sido um dos factores que determinam a distribuição das moscas tsé-tsé num determinado habitat. A família Suidae é o hospedeiro mais importante para G. swynnertoni, (javali), G. austeni (porco do mato), G. fuscipleuris (porco do mato e porco gigante da floresta) e G.m. morsitans (javali). Os Bovídeos são preferidos por G. pallidipes, G. longipalpis e G. fusca (javali), G. morsitans (kudu, búfalo, javali e elande), G. brevipalpis (búfalo e javali) e G. longipennis (bovídeos). Os primatas, incluindo o homem, são preferidos por G. palpalis, G. fuscipes, G. tachinoides e G. morsitans, que preferem principalmente o homem.Em determinados habitats, sabe-se que a distribuição da mosca tsé-tsé é bastante constante, mas é afetada por factores como a humidade, a disponibilidade de hospedeiros e os odores (Vale et al., 1984). O movimento das moscas tsé-tsé, por outro lado, é afetado por factores como a humidade, a disponibilidade de sombras, a densidade de hospedeiros e as plumas de odores. A capacidade das moscas para detetar e localizar o hospedeiro é mais influenciada pelo odor do que pela visão. Consequentemente, a utilização de atractivos, especialmente misturas de atractivos em técnicas de armadilhagem, mostrou aumentar as capturas de moscas tsé-tsé. As mudanças no uso da terra devido ao assentamento e às actividades humanas, ao desenvolvimento de infra-estruturas e às políticas de reforma agrária alteraram a distribuição da mosca tsé-tsé na Tanzânia (Malele et al., 2012). Consequentemente, as moscas tsé-tsé cujos habitats foram destruídos podem ser encontradas em habitats menos habituais, entre os quais os habitats artificiais são os mais importantes. Este estudo tem por objetivo determinar a abundância relativa da mosca tsé-tsé, bem como a sua distribuição em diferentes habitats da estepe de Maasai.

2.2 Materiais e métodos

2.2.1 Local de estudo

As moscas tsé-tsé foram recolhidas no distrito de Simanjiro, no norte da Tanzânia, que se situa entre 3° 52' e 4° 24' Sul e 36° 05'e 36° 39' Leste e faz fronteira com o Parque Nacional de Tarangire no lado oriental (Fig. 3). O estudo foi realizado em julho e agosto de 2014. A precipitação anual no distrito de Simanjiro é de 650 mm por ano e a temperatura varia entre 18-30°C. A população, de acordo com o censo de 2012, era de 178.693 e a variação da população foi de +2,37% por ano. Simanjiro cobre 19928,1 km^2 e a maior parte está coberta por floresta aberta, florestas arbustivas e vegetação de prados. Uma grande parte de Simanjiro é uma área reservada que serve de corredor para permitir a migração da vida selvagem do Parque Nacional de Tarangire para as planícies de Simanjiro. Este corredor apresenta uma interface para a interação entre a vida selvagem e o gado. Os animais selvagens encontrados na área de interface incluem babuínos, búfalos, chitas, elefantes, elandes, girafas, gazelas, grandes kudus, impalas, pequenos kudus, leões, hienas-pintadas, macacos-pregos, javalis, gnus, cães selvagens e zebras. As principais actividades económicas do distrito são a criação de gado e a agricultura. De acordo com o relatório do departamento distrital de pecuária, a população de ruminantes domesticados (bovinos, ovinos e caprinos) é de 600.000 distribuídos de forma desigual devido à disponibilidade sazonal e à flutuação da água e das forragens (Anon, 2004).

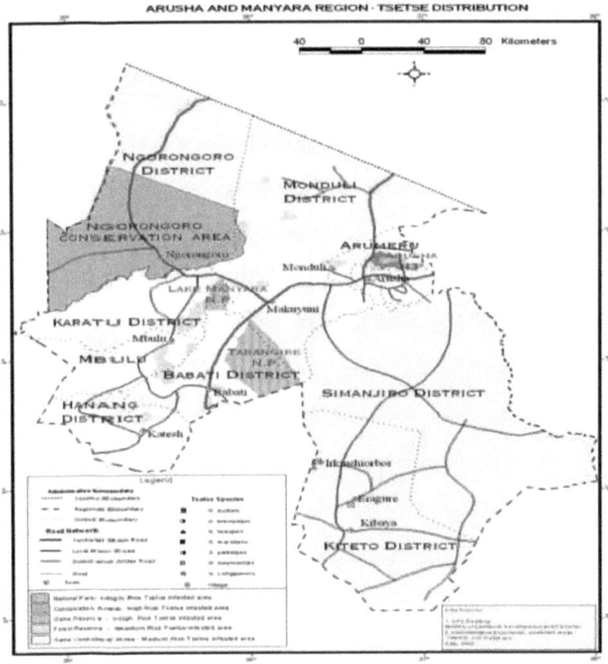

Figura 3: A parte tanzaniana da área de estudo identificando áreas de risco atual de mosca tsé-tsé

(Sindato et al.,2007)

2.2.2 Amostragem

Em cada uma das três zonas identificadas, foram selecionados três locais com base na combinação de dois critérios: um critério foi o uso geral do solo (altamente povoado, terras de pastagem e perto da reserva de caça) e o segundo critério foi a cobertura vegetal (bosques, prados e bosques abertos), como mostra o quadro 2.

Em cada local, foram colocadas um total de 4 armadilhas, Epsilon e F 3, na proporção de 3:1, respetivamente. De acordo com o PAAT, as armadilhas F 3 e Epsilon provaram ser as melhores armadilhas para capturar espécies de moscas tsé-tsé das savanas na África Oriental. Foi montado um total de 36 armadilhas, cobrindo uma área/distância de 50 km no bairro Emboreet do distrito de Simanjiro (Fig.4).

As armadilhas foram colocadas duas vezes com um intervalo de um mês (julho e agosto). Nestes meses, o tempo durante a recolha era ensolarado e seco. A armadilhagem foi efectuada 7 dias em cada mês.

As armadilhas foram colocadas a 200 m de distância em cada local e foram colocadas debaixo de árvores para permitir uma captura máxima durante o dia, uma vez que as moscas tsé-tsé tendem a repousar nas árvores durante o dia ensolarado, bem como durante a noite, uma vez que a maioria das espécies de tsé-tsé cessa a sua atividade pouco depois do pôr do sol, ou a temperaturas inferiores a 15,5° C.

As referências geográficas dos locais e da localização das armadilhas foram efectuadas por um Sistema de Posicionamento Global (GPS). Foram utilizados atractivos combinados de fenóis, octanol e acetona para aumentar as capturas da mosca tsé-tsé.

A acetona e o octanol foram guardados em garrafas de plástico com um orifício de quase 4 mm no topo da tampa dos recipientes de plástico, enquanto os fenóis em pequenas saquetas foram guardados em pequenos bolsos na parte da frente da respectiva armadilha.

As armadilhas eram inspeccionadas de vinte e quatro em vinte e quatro horas e as moscas eram recolhidas dos frascos de recolha; as moscas eram identificadas até ao nível da espécie, utilizando caraterísticas morfológicas, de acordo com o manual de formação para o pessoal de controlo da tsé-tsé (Pollock, 1982).

As moscas inteiras foram conservadas em etanol absoluto e transportadas para o laboratório do NM-AIST para extração de ADN e deteção da infeção por tripanossomas (ver Capítulo 3). Os dados sobre a captura de moscas foram utilizados para calcular várias caraterísticas importantes (epidemiológicas) dos vectores de tsé-tsé, como a densidade aparente e a abundância de espécies.

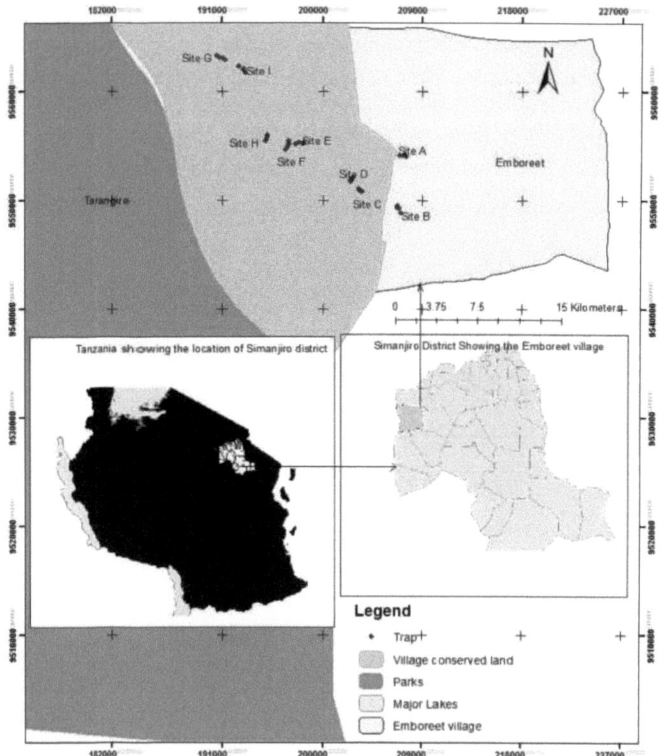

Figura 4: Um mapa que mostra a área de estudo e os locais de localização das armadilhas

2.3 Resultados

Abundância de espécies de moscas tsé-tsé

Foi capturado um total de 1000 moscas, 634 em julho e 366 em agosto. De todas as moscas, 65% eram fêmeas e 35% eram machos. Três espécies de moscas identificadas como G. swynnertoni, G.m.morsitans e G.pallidipes foram as espécies de moscas tsé-tsé capturadas na área de estudo. As moscas domésticas, os stomoxys e os tabanídeos encontrados nas armadilhas durante a recolha não foram recolhidos nem registados.

A abundância relativa das espécies de moscas tsé-tsé identificadas foi de 72% para a G. swynnertoni, 21% para a G.m.morsitans e 7% para a G.pallidipes. Um total de 79,9% das moscas capturadas eram não tenerais, enquanto 20,1% eram moscas tenerais (Quadro 1). As moscas capturadas por armadilha variaram consoante o tipo de armadilhas, os locais e os dias de recolha. A densidade aparente de moscas capturadas nas armadilhas era geralmente 50% inferior ao total de moscas observadas em redor das armadilhas. As moscas que pousaram nas armadilhas mas não caíram nos frascos de captura não foram registadas ou recolhidas para este estudo.

Embora a preferência por armadilhas tenha sido indicada para as três espécies de moscas, a associação entre o tipo de armadilha e as espécies de moscas não foi significativa. Assim, G. m. morsitans mostrou preferência pelas armadilhas Epsilon, embora algumas capturas também tenham sido encontradas nas armadilhas F3. G. m. morsitans mostrou menor preferência por objectos móveis. A G. pallidipes preferiu os objectos móveis, seguida das armadilhas F3 e Epsilon.

As capturas de G. swynnertoni foram principalmente encontradas em F3, seguidas de Epsilon, enquanto os objectos móveis foram a armadilha menos preferida por G. swynnertoni (Fig. 5).

Quadro 1: Preferência de armadilhas para a mosca tsé-tsé

Fly Species	Type of traps			
	Epsilon	**F3**	**Moving object**	**Total (N, %)**
G. m. morsitans	166	48	0	214 (21.4)
G. pallidipes	38	13	16	67 (6.7)
G. swynnertoni	478	170	71	719 (71.9)
Total*	682	231	87	1000 (100)[1]

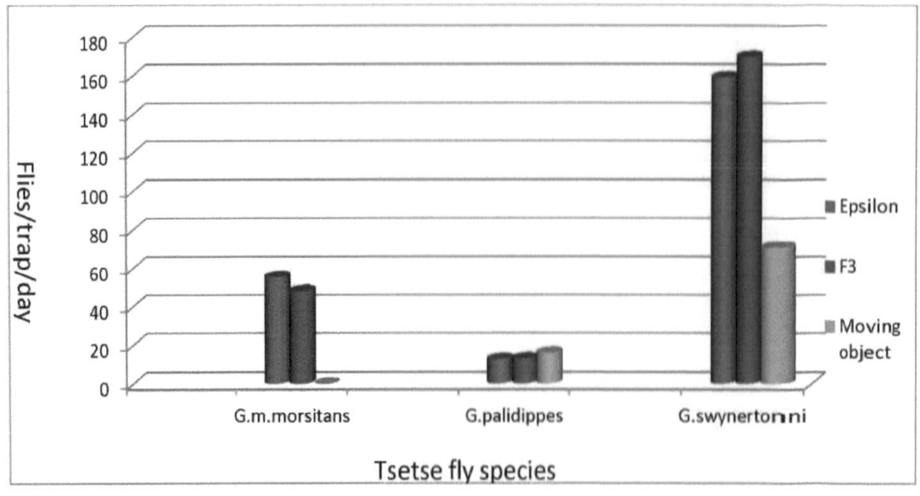

Figura 5: Preferência das armadilhas pelas diferentes espécies de mosca tsé-tsé

A densidade aparente, que é determinada pelo número de moscas/armadilha/dia, foi utilizada para medir as capturas de moscas tsé-tsé em diferentes locais. Dentro de cada zona, a densidade aparente variava de um sítio para outro.

[1] *799 de 1000 moscas não eram gerais, como demonstrado pela presença de farinha de sangue

O local A estava coberto por matos dominados por Commiphora spp, Acacia spp e Grewia spp, tendo sido encontrados grandes grupos de gado a pastar na zona. O sítio B, coberto por floresta aberta dominada por Commiphora spp, tinha poucos animais selvagens e um maior número de bovinos a pastar à volta do sítio.

O local C, com prados arborizados de Combretum molle e Commiphora spp, registou as capturas mais elevadas nesta zona. Observou-se uma menor densidade de mosca tsé-tsé (inferior a 1) em todos os locais situados perto de residências humanas (Quadro 2).

O gado foi encontrado a pastar nos três locais da zona de pastoreio, embora o seu número estivesse a diminuir à medida que nos aproximávamos do Parque Nacional de Tarangire. O sítio E, coberto por prados arborizados dominados por Commiphora spp, registou as maiores capturas nesta zona.

O sítio F, coberto por prados com algumas manchas de Cordia spp e Grewia spp, registou capturas bastante inferiores às do sítio E. O sítio D registou as capturas mais baixas desta zona, coberto principalmente por Acacia spp e Commiphora spp . As espécies de vida selvagem encontradas nos três sítios são apresentadas no quadro 2.

A maior densidade aparente de moscas tsé-tsé foi encontrada na Zona 3 (Perto do Parque Nacional de Tarangire), como se pode ver na Fig. 6 e no Quadro 2. Todos os locais da zona 3 estão cobertos por vegetação florestal.

O sítio H, dominado por Acacia mellinifera, com elefantes, girafas, gnus, hartebeest, zebras, órix, impalas, dick dick e avestruzes, registou a maior densidade aparente. O local I, coberto por Combretum molle e Grewia spp, que se situava mais perto do Parque Nacional, registou capturas mais baixas em comparação com o local H. O local mais próximo do Parque Nacional (G), dominado por Combretum molle e Grewia spp, registou as capturas mais baixas em comparação com os outros dois locais (G e I) nesta zona específica.

Outras caraterísticas de cada sítio são descritas no quadro 2. Durante a época de recolha não foi encontrado gado a pastar em todos os locais da Zona 3.

Tabela 2: Distribuição da mosca tsé-tsé em diferentes tipos de habitat

Zones	Sites	Habitat(vegetation)	Dominant species	Host found	Species of fly	Apparent density
Near humans residence (Zone 1)	A	Bush lands	*Commifora* *Acacia and Grewia spp*	Cattle	*G.m.morsitans* *G. pallidipes*	0.05
	B	Woodland	*Commifora*	Cattle, Greater Kudu Gazelle,	*G. pallidipes*	0.07
	C	Wooded grasslands	*Combretum and Commifora*	Cattle,Impalla	*G. pallidipes* *G. swynnertoni* *G. morsitans*	0.25
Grazing zone (Zone 2)	D	Woodlands	*Acacia and Commifora*	Cattle,Gazelle, Impalla	*G. pallidipes* *G. swynnertoni* *G. morsitans*	0.57
	E	Woodedgrassland	*Commiphora*	Warthog Cattle, Zebbra	*G. pallidipes* *G. swynnertoni* *G. morsitans*	8
	F	Grassland(wetland)	*Codria*	Cattle Elephants, Oryx, Wilderbeest, Impalla, Ostrich,	*G. palidipes* *G. swynnertoni* *G. morsitans*	5.46
Near Tarangire NationalParks (Zone3)	H	Woodland	*Acacia mellifera*	Elephants, Giraffe, Wilderbeest Heartbeest Zebra, Oryx, Impala,Dick Dick, Ostrich	*G. pallidipes* *G. swynnertoni* *G. morsitans*	13.57
	I	Woodland	*Combretum molle, Acacia*	Elephants, Zebra	*G. swynnertoni* *G. morsitans*	2.02
	G	Woodland	*Combretum molle,* *Acacia*	Elephants, Impalla, Zebra,Waterbuck	*G. palidipes* *G. swynnertoni* *G. morsitans*	0.79

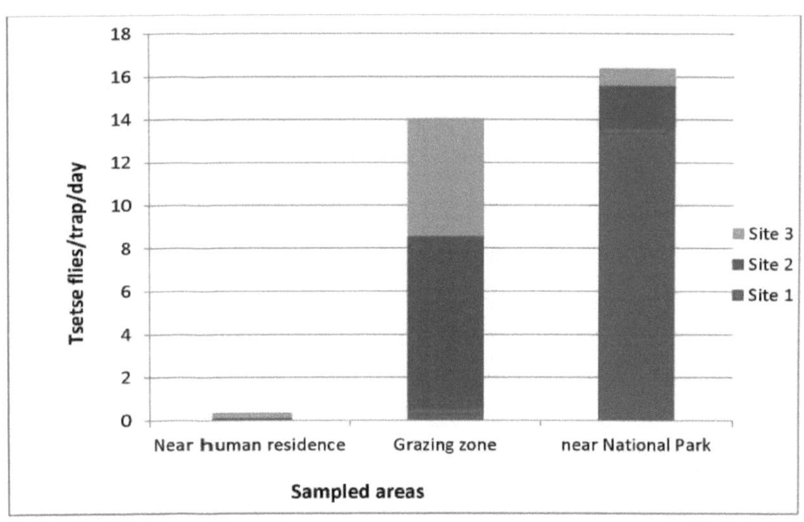

Figura 6: Densidade da mosca tsé-tsé desde a povoação humana até ao Parque Nacional de Tarangire

2.4 Discussão e conclusão

Três espécies de moscas tsé-tsé, G. swynnertoni, G. m. morsitans e G. pallidipes encontradas em Simanjiro, estão entre as espécies de moscas comuns registadas nas vegetações de Savana, das quais o distrito de Simanjiro faz parte. A presença destas espécies também foi anteriormente registada no norte da Tanzânia, em redor do Parque Nacional de Tarangire (Adams et al., 2008; Malele et al., 2007) e Sindato et al 2007). No presente estudo, a preferência por armadilhas variou entre as espécies de moscas tsé-tsé. Em relação às armadilhas fixas, as moscas G. swynnertonni foram mais atraídas por objectos em movimento do que as outras duas espécies de moscas detectadas neste estudo. Além disso, observou-se que, apesar do grande número de moscas à volta das armadilhas, menos de 50% das moscas entraram na armadilha. Por conseguinte, a densidade aparente de moscas, medida pelo número de moscas capturadas, foi inferior ao número real de moscas na zona de estudo. A relutância da mosca tsé-tsé em cair nas armadilhas é um fenómeno aparentemente comum e os nossos resultados estão de acordo com observações anteriores (Malele et al, 2012; Shaw et al., 2007) para a mosca tsé-tsé Morsitans, em que apenas 37-40% das moscas que se aproximavam de uma armadilha pousavam nela.

As moscas tsé-tsé eram menos abundantes nas zonas mais próximas da atividade humana, como as zonas de pastagem de gado, as explorações agrícolas e as residências humanas. Isto deve-se ao efeito das actividades humanas na destruição dos habitats naturais da mosca tsé-tsé. Verificou-se que as actividades humanas, incluindo a limpeza de arbustos, a aplicação de fogo e o estabelecimento de explorações agrícolas em locais próximos de residências humanas, têm impacto na distribuição da mosca tsé-tsé. No entanto, a aplicação de acaricidas por imersão/pulverização no gado antes de o libertar para o pastoreio foi referida como a técnica utilizada pelos agricultores em Emboreet para reduzir as picadas da mosca tsé-tsé no gado. Isto contribuiu para reduzir a densidade da mosca nos locais A, B, C onde foram encontrados grupos de gado a pastar. As áreas onde não havia gado (Zona 3) apresentavam maior densidade de moscas tsé-tsé, uma vez que não foram reduzidas por ascaricidas e o habitat não foi destruído por actividades humanas. Isto demonstrou que as actividades humanas têm uma influência significativa na abundância de moscas tsé-tsé, tal como descrito anteriormente (Munang'andu et al. 2012 e Malele et al. 2011).

O aumento das capturas de moscas tsé-tsé observado mais perto do Parque Nacional de Tarangire confirma a relação entre a densidade de animais selvagens e a abundância de moscas tsé-tsé. Nas zonas onde não há gado ou onde são utilizados acaricidas no gado, a fauna selvagem é a única fonte de farinha de sangue para as moscas tsé-tsé. A densidade da mosca tsé-tsé aumentou em direção ao Parque Nacional, longe das actividades humanas. A zona 3, que era a zona mais próxima do Parque Nacional, tinha a maior densidade de moscas tsé-tsé do que as outras duas categorias (Quadro 2). Nas zonas conservadas, que tinham menos/nenhuma atividade humana, o habitat foi mantido ao contrário do habitat perto da residência humana. Sabe-se que os factores ecológicos que apoiam a sobrevivência de uma vasta gama de espécies de vida selvagem também proporcionam um habitat adequado para as moscas tsé-tsé vectoras (Van den Bossche et al, 2010; Malele et al., 2011).

Do mesmo modo, a presença de uma variedade de animais selvagens em redor dos locais assegura a disponibilidade de alimentos sanguíneos para as moscas tsé-tsé, apesar da sua preferência por espécies específicas de animais de caça e domésticos. Bouyer et al (2007) observaram anteriormente que, até certo ponto, é concebível que a mosca tsé-tsé se alimente de quaisquer hospedeiros adequados disponíveis de forma oportunista, mas quando há uma abundância de escolhas, selecionam o seu hospedeiro com base em pistas olfactivas e visuais. A alteração dos ambientes, da fauna e da disponibilidade de hospedeiros resulta na modificação do padrão de alimentação da mosca tsé-tsé. A presença de uma variedade de animais de caça assegura uma fonte de alimento para as moscas tsé-tsé e, por conseguinte, influencia o crescimento da população destas moscas em particular.

A densidade aparente (moscas/armadilha/dia) dá uma estimativa do número de moscas tsé-tsé que picam um hospedeiro por dia. Nas zonas em que a densidade aparente foi elevada, a probabilidade de picadas de mosca tsé-tsé aumenta para um determinado hospedeiro disponível. Por conseguinte, verificou-se que o risco de picadas de mosca tsé-tsé aumentava à medida que nos aproximávamos dos animais de caça. No entanto, sabe-se que a mosca tsé-tsé pode picar mais do que um hospedeiro para satisfazer uma refeição. Isto deve-se à reação do animal, que pode interromper a mosca tsé-tsé enquanto se alimenta e, assim, a mosca tsé-tsé precisa de encontrar outro hospedeiro para se satisfazer. Uma vez que a transmissão de tripanossomas ocorre imediatamente quando a mosca começa a sugar sangue, as hipóteses de transmissão aumentam à medida que a mosca se alimenta de muitos hospedeiros. O tempo de vida das moscas tsé-tsé é de até nove meses, o que significa que uma mosca infetada pode transmitir uma infeção a um grande número de animais de que se alimenta durante a sua vida.

É interessante notar que, com base neste fator ecológico, esperávamos que os locais situados mais perto do Parque Nacional (G e I) tivessem a maior densidade de moscas tsé-tsé. No entanto, a variedade de animais de caça foi encontrada em maior concentração no sítio H do que nestes dois sítios (G e I), que eram os sítios mais próximos do Parque Nacional. Este facto deve-se à migração de animais de caça do Parque Nacional de Tarangire para as planícies de Simanjiro, tal como foi descrito anteriormente (Gereta et al., 2004), que comentaram a migração de várias espécies de animais selvagens, incluindo zebras, gnus, elefantes, etc., do Parque Nacional de Tarangire para as planícies de Simanjiro. Os resultados mostram que os locais G e I (Zona 3) tiveram capturas mais baixas do que o local H, que era o local mais próximo do Parque Nacional (Local H). Isto revela que a proximidade do Parque Nacional não é a única razão para o aumento da densidade de moscas tsé-tsé, mas sim a presença de habitat adequado para determinadas moscas. O comportamento hematófago exclusivo das moscas tsé-tsé conduziu a uma relação estreita entre as moscas tsé-tsé e a vida selvagem. Como resultado, foi encontrada uma maior densidade aparente de moscas tsé-tsé em áreas onde se encontrava uma grande variedade de animais de caça. Tal como descrito anteriormente (Ford, 1962, Reichard, 2002, Matthiessen e Douthwaite, 1985). A presença de hospedeiros preferenciais da mosca tsé-tsé também influenciou a sua abundância em áreas com uma grande variedade de animais de caça. Estes incluem búfalos, girafas, javalis, elefantes e gado, que são preferidos por G. swynnertoni; suidae e ruminantes, incluindo bushbuck, avestruz, elefantes, búfalos, javalis e girafas preferidos por G. pallidipes e suidae, principalmente javalis, bem como ruminantes, por exemplo, gado preferido por G. m. mositans (Clausen et al., 1998 e Muturi et al 2011).

Além disso, as espécies de moscas tsé-tsé preferem diferentes coberturas vegetais, o que foi confirmado pela diferença na densidade aparente de moscas tsé-tsé em diferentes tipos de vegetação. Neste estudo, observou-se que a densidade aparente de moscas era mais elevada em áreas cobertas por bosques abertos, prados arborizados e prados dominados por espécies de acácia, combretum e commiphora. Jackson et al descreveram a preferência de G. swynnertoni em bosques abertos cobertos por acácia, combretum e commiphora (Leak et al. 1998; Reid et al, 2000; Lawton, 1978).

Em conclusão, a densidade aparente das moscas tsé-tsé, bem como a sua distribuição na área de estudo, foi afetada pela distância das actividades antropológicas e do Parque Nacional de Tarangire, pela presença de hospedeiros, bem como pelo estado do habitat e da cobertura vegetal.

CAPÍTULO 3

Taxas de infeção das espécies de moscas tsé-tsé em Simanjiro, no Norte da Tanzânia

Resumo

Este estudo foi realizado para determinar a prevalência de tripanossomas infecciosos para o gado e para o homem nas moscas tsé-tsé capturadas no distrito de Simanjiro, que faz fronteira com o Parque Nacional de Tarangire, no norte da Tanzânia. Foi extraído ADN completo de todas as 1000 moscas capturadas na área de estudo. A análise do ADN de 1000 moscas para a deteção de espécies de tripanossomas por ITS-PCR revelou uma taxa global de infeção de 3% (n=1000), das quais 13,3% moscas estavam co-infectadas com Trypanosoma brucei e Trypanosoma vivax, enquanto 3,3% estavam co-infectadas com Trypanosoma congolense e T. vivax. Verificou-se que T. vivax era a espécie de tripanossoma mais prevalente. As três espécies de tripanossomas foram detectadas nas moscas G. swynnertoni, mas a G. m. morsitans transportou T. vivax e T. brucei. Não foram detectados parasitas nas moscas G. pallidipes. Além disso, não foram detectados tripanossomas infecciosos humanos quando as moscas positivas para T. brucei foram analisadas com primers específicos para SRA-PCR. O estudo confirma a presença de tripanossomas infecciosos para o gado e a elevada transmissão de T. vivax, que se verificou ser a espécie mais prevalente.

Palavras-chave

Prevalência, Tripanossomas, Vida selvagem

3.1 Introdução

A compreensão da distribuição e da dinâmica das populações de moscas tsé-tsé é essencial para compreender a epidemiologia da tripanossomíase humana e animal (Aksoy, 2003; Hao, 2001). Existem cerca de 30 espécies e subespécies conhecidas de moscas tsé-tsé pertencentes ao género Glossina, que se dividem em três grupos ou subgéneros distintos: Austenia (grupo G. fusca), Nemorhina (grupo G. palpalis) e Glossina (grupo G. morsitans). Estas espécies variam em termos de distribuição e capacidade de transmissão da tripanossomíase (Hao et al., 2001; Jamonneau et al., 2004; Walshe et al., 2009). G. pallidipes, G. brevipalpis, G. m. moristans e G. swynertoni foram relatados como sendo importantes na transmissão da tripanossomíase tanto em bovinos como em humanos (Auty et al., 2012a; Malele et al., 2003; Sindato et al., 2007) em partes do norte da Tanzânia.

.

Sabe-se que várias espécies de tripanossomas infectam os bovinos, incluindo T. congolense, T. brucei brucei e T. vivax (OMS, 2012). Estes causam Tripanossomíase Africana Animal (TAA) ou Nagana em bovinos, o que resulta em perda de animais e redução da produtividade. Sabe-se que o T. brucei rhodensience e o T. brucei gambiense infectam os seres humanos, causando a tripanossomíase humana africana (HAT) ou doença do sono. O T. brucei rhodensience é comum na África Oriental, enquanto o T. b. gambiense é comum na África Ocidental. Sabe-se que estes causam a forma aguda e crónica da doença, respetivamente (Aksoy, 2003; Jamonneau et al., 2004; Roditi e Lehane, 2008). As espécies de tripanossomas presentes nas moscas tsé-tsé variam consoante a fauna local e as preferências alimentares das moscas (Kuboki et al., 2003).

A região ITS (Internal Transcribed Spacer) é uma região conservada do rDNA com tamanhos variáveis em todas as espécies de tripanossomas, que pode ser utilizada para fins de diagnóstico. Está provado que o ITS tem uma elevada sensibilidade na discriminação de todas as espécies de tripanossomas com base no tamanho do amplicon (Njiru et al., 2005). A presença de um gene (SRA) que confere resistência à sobrevivência no soro humano foi utilizada como método de diagnóstico para diferenciar entre tripanossomas infecciosos e não infecciosos humanos (Radwanska et al., 2002).

A tripanossomíase tem sido um desafio para as comunidades pastoris devido aos seus efeitos sobre o efetivo pecuário e a saúde humana. A dinâmica da atividade humana, incluindo a agro-pastorícia, a interface entre o gado e a vida selvagem e os factores sócio-ecológicos-ambientais que a impedem, têm sido as principais razões para o aumento da tripanossomíase em algumas sociedades. Os agro-pastoris Maasai do Norte da Tanzânia foram forçados a deslocar-se para novas áreas à procura de boas pastagens e água para o seu gado, bem como de áreas para a agricultura. Algumas das novas áreas da estepe Maasai estão infestadas de moscas tsé-tsé, com uma interface entre a vida selvagem, o gado e os seres humanos, podendo, por conseguinte, expor as pessoas e o seu gado a um risco acrescido de tripanossomíase. O objetivo deste estudo foi determinar as taxas de infeção das espécies de mosca tsé-tsé com tripanossomas humanos e animais no distrito de Simanjiro, na fronteira com o Parque Nacional de Tarangire.

3.2 Materiais e métodos

3.2.1 Local de estudo

As moscas tsé-tsé foram recolhidas no distrito de Simanjiro, no norte da Tanzânia, que se situa entre 3052' e 4024' a sul e 36005'e 36039' a leste. O distrito faz fronteira com o Parque Nacional de Tarangire no lado oriental. O estudo foi realizado em julho e agosto de 2014. A precipitação anual no distrito de Simanjiro é de 650 mm por ano e a temperatura varia entre 18-30°C. A população, de acordo com o censo de 2012, era de 178.693 e a variação da população foi de +2,37% por ano. Simanjiro cobre 19928,1 km^2 e a maior parte está coberta por floresta aberta, florestas arbustivas e vegetação de prados. O distrito contém uma grande área vazia que faz parte dos corredores de migração da vida selvagem com animais selvagens encontrados em torno de áreas de pastagem e residências humanas e, por vezes, causando conflitos entre humanos e animais selvagens. Os animais selvagens encontrados na área de interface incluem babuínos, búfalos, chitas, elefantes, elandes, girafas, gazelas, grandes kudus, impalas, pequenos kudus, leões, hienas-pintadas, macacos, javalis, gnus, cães selvagens e zebras. As principais actividades económicas do distrito são a criação de gado e a agricultura.

3.2.2 Amostragem

Foram utilizadas armadilhas Epsilon e F3, que se revelaram anteriormente mais eficazes na captura de moscas tsé-tsé na vegetação de savana na África Oriental, incluindo a parte norte da Tanzânia. As referências geográficas dos locais e a localização das armadilhas foram efectuadas através do Sistema de Posicionamento Global (GPS). A combinação dos seguintes atractivos, fenol, octanol e acetona, foi utilizada para aumentar as capturas da mosca tsé-tsé. A acetona e o octanol foram guardados em garrafas de plástico com um orifício de quase 4 mm no topo da tampa dos recipientes de plástico, enquanto o fenol em pequenas saquetas foi guardado em pequenos bolsos na parte da frente da respectiva armadilha. As áreas de amostragem foram classificadas como estando perto de residências, áreas de pastagem de animais ou perto do Parque Nacional de Tarangire. Em cada categoria de área de amostragem, foram identificados 3 locais e foram colocadas 4 armadilhas em cada local, na proporção de 3:1 Epsilon e F 3, respetivamente.

Utilizou-se uma amostragem aleatória estratificada para distribuir os sítios em diferentes tipos de vegetação em cada categoria específica. As armadilhas foram colocadas a 200 m de distância, debaixo de árvores, para permitir uma captura máxima durante o dia. As tsé-tsé apanhadas nas armadilhas foram colhidas de 24 em 24 horas, contadas e classificadas por espécie e sexo. Um total de 1000 moscas foram colhidas e conservadas individualmente em tubos eppendorf contendo etanol absoluto até à análise laboratorial.

3.2.3 Extração de ADN

O ADN foi extraído de cada mosca. As moscas tsé-tsé foram desintegradas por trituração com um pilão manual e o ADN foi extraído utilizando o protocolo de precipitação de acetato de amónio para extração de ADN com base no protocolo descrito por Bruford et al (1998). As amostras de ADN foram armazenadas a - 20^0 C até análise posterior.

3.2.4 Identificação de tripanossomas por PCR

A reação em cadeia da polimerase (PCR) para identificação das espécies de tripanossomas foi efectuada em pools específicos de moscas, sendo cada pool constituído pela mistura de 10 amostras individuais de ADN em volumes iguais. As amostras individuais de ADN de qualquer pool positivo foram posteriormente analisadas a fim de estabelecer a prevalência das espécies de tripanossomas. As amplificações por PCR dirigidas ao gene ITS1 foram efectuadas num volume total de 15 µl contendo 7,5 µl de mistura principal Dream Taq, 200 nM de primers forward e reverse e 3. 9 µl de água sem nuclease. Os produtos da PCR foram separados em géis de agarose a 2 % corados com verde e os resultados positivos foram identificados com base nos tamanhos dos produtos da PCR correspondentes a 300 pb para T. vivax, 400 pb para T. brucei e 700 pb para T. congolense savannah. As amostras positivas para T. brucei foram ainda testadas utilizando iniciadores de amplificação do gene SRA para identificar os tripanossomas infecciosos humanos. As sequências dos iniciadores e as condições de ciclo são apresentadas no quadro 3.

Table 3: : Primers sequences and their cycling conditions

Target	**Sequences**	**Authors**
ITS 1	CF 5'-CCG GAA GTT CAC CGA TAT TG-3' BR 5'-TTG CTG CGT TCT TCA ACG AA-3' Cycling conditions: 94° C for 3 min followed by 30 cycles of 94° C for 30 sec, 55° C for 30 sec, 70° C for 30 sec and lastly at 72° C for 10 min.	Njiru *etal.*, *2005*
SRA	For 5'-ATAGTGACAAGATGCGTACTCAACGC-3' Rev5'- ATGTGTTCGAGTACTTCGGTCACGCT3' Cycling conditions: 94°C for 10 min, 35cycles of 94°C for 1 min, 68°C for 1 min and 72°C for 60 sec and lastly by 72°C for 10 min.	Radwanska *et al.*, 2002

3.3 Resultados

Prevalência de espécies de tripanossomas nas moscas tsé-tsé

Um total de 100 pools constituídos por 1000 ADN extraídos foram analisados para deteção de tripanossomas. Nove dos 100 pools de ADN apresentaram um sinal de PCR positivo para a presença de tripanossomas. Uma análise mais aprofundada de amostras individuais de ADN de moscas revelou que 30 moscas eram positivas para espécies de tripanossomas (Fig. 6). Verificou-se que todas as moscas positivas foram capturadas em zonas de pastagem de gado e nas proximidades do Parque Nacional de Tarangire, onde o tipo de vegetação era ou prado arborizado ou prado. Estes locais eram ocupados tanto por gado como por animais de caça (zonas de pastagem), bem como apenas por animais de caça (perto do Parque Nacional de Tarangire) (Quadro 2).

Um total de 30 amostras foram positivas, o que corresponde a uma taxa de infeção global de 3%, sendo que todas as amostras apresentavam T. vivax, quer como infecções simples quer mistas. A co-infeção com T. vivax e T. brucei foi detectada em 13% das moscas infectadas, enquanto 3% apresentaram co-infeção de T. vivax e T. congolense. Enquanto as três espécies de tripanossomas foram encontradas em G. swynnertoni, apenas T. vivax e T. brucei foram detectados em G. m. morsitans. Além disso, T. brucei e T. congolense só foram detectados em co-infeção com T. vivax, com uma prevalência de 16% de co-infeção nas moscas tsé-tsé capturadas (quadro 4). Não se registou uma associação significativa entre as espécies de moscas e os tripanossomas nelas encontrados (teste do Qui-quadrado). Quando as quatro amostras positivas para T. brucei foram testadas para T. brucei rhodensiense utilizando o teste SRA-PCR, não se registaram resultados positivos.

Quadro 4: Taxas de infeção das moscas tsé-tsé com diferentes espécies de tripanossomas

Fly species	**Trypanosomes species**				
	T. v	*T. v/ T. b*	*T. v/ T. c*	Negative	Total
G.m. morsitans	9	2	0	203	214
G. pallidipes	0	0	0	67	67
G. swynnertoni	21	2	1	695	719
Total	30	4	1	965	1000
Percentages	3%	0.4%	0.1%	96.5%	

Os locais encontrados com elevada densidade aparente de moscas tsé-tsé (E e H) são os mesmos locais onde se verificou a existência de muitas moscas infectadas. Da mesma forma, os locais com menor densidade aparente de moscas tsé-tsé tinham menos/nenhuma infeção por tripanossomas (locais A, B,C,D, I e G). Todos os locais situados na zona de residência humana não tinham moscas infectadas. Enquanto G.m.morsitans e G. swynnertoni infectadas com T. congolense, T. brucei e T.vivax foram apanhadas na zona de pastagem, bem como perto do Parque Nacional de Tarangire (Quadro 2).

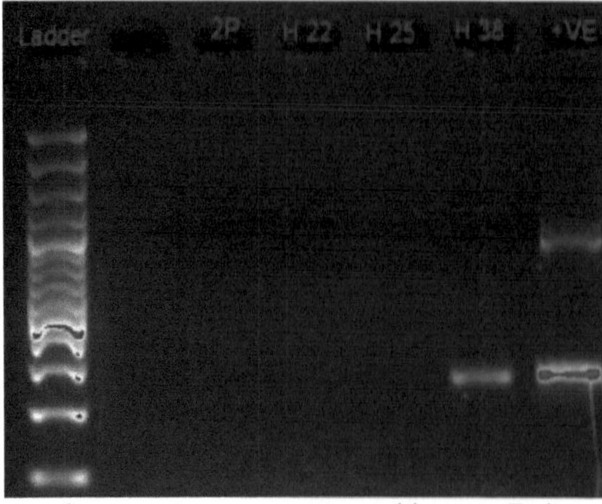

Figura 7: Imagem de um gel que mostra uma amostra positiva para T.vivax (300 pb) e um controlo positivo para T.vivax

3.4 Discussão e conclusão

As espécies de tripanossomas T. congolense, T. vivax e T. brucei encontradas na área de estudo foram previamente registadas por outros estudos realizados no norte da Tanzânia (Malele et al., 2003). Duas das três espécies de moscas tsé-tsé capturadas na área de estudo, G. swynnertoni e G. m. morsitans, mostraram a sua importância na epidemiologia da tripanossomíase animal. Em primeiro lugar, estas moscas foram capturadas em áreas de interface onde tanto o gado como a fauna selvagem pastam (zona de pastagem) e, por conseguinte, podem facilmente transmitir tripanossomas da fauna selvagem para o gado. Em segundo lugar, as duas espécies de moscas foram encontradas infectadas pelas três espécies de tripanossomas que circulam na área de estudo. Além disso, a G. swynnertoni revelou uma importância epidemiológica significativa, uma vez que estava infetada com as três espécies de tripanossomas, T. vivax, T. brucei e T. congolense, enquanto a G. m. morsitans estava infetada com T. vivax e T. brucei. Os nossos dados revelaram ainda co-infeção em 5 de 30 (16%) moscas tsé-tsé. Estes resultados são particularmente importantes e são apoiados por factores ecológicos prevalecentes, bem como pela presença de animais selvagens como leões, hienas-pintadas, zebras, patos-d'água e girafas, conhecidos por serem reservatórios de espécies de tripanossomas (Auty et al., 2012b).

Os locais onde se encontram moscas infectadas são os mesmos locais que anteriormente apresentavam uma elevada densidade aparente de moscas tsé-tsé. Isto deve-se ao facto de os animais selvagens que são conhecidos por serem as principais fontes de refeições de sangue serem os mesmos animais que actuam como hospedeiros reservatórios de tripanossomas. Consequentemente, a disponibilidade de animais de caça nestes locais assegura uma fonte de alimento (farinha de sangue) e, por conseguinte, de tripanossomas para estas moscas. Os locais H e G, que apresentavam a maior densidade aparente de espécies de moscas tsé-tsé, são os mesmos locais onde se encontraram muitas moscas infectadas, em comparação com outros locais que apresentavam baixa densidade aparente de moscas tsé-tsé (A,B,C,D e I). A presença de moscas infectadas confirma que a mosca deve ter-se alimentado do hospedeiro infetado, que pode ser um animal de caça ou doméstico. Isto também significa a presença de hospedeiros reservatórios de T. vivax (búfalo do Cabo, girafa, pato d'água), T. congolense (hiena e leões) e T. brucei (zebra, hienas) em torno destes locais específicos (Auty et al., 2012b).

A espécie de tripanossoma mais prevalente foi o T. vivax. Este facto pode dever-se à presença de muitos/variedades de animais que se sabe albergarem T. vivax, ou seja, búfalos, girafas ou patos aquáticos, nestes locais. Do mesmo modo, sabe-se que, das três espécies de tripanossomas, apenas o T. vivax pode ser transmitido mecanicamente por stomoxys e tabanídeos, que também foram apanhados em armadilhas. A presença destes vectores aumenta a transmissão de T. vivax dos hospedeiros infectados para outros hospedeiros. Sabe-se também que T. vivax é uma espécie predominante em hospedeiros vertebrados. Por conseguinte, espera-se que a sua prevalência seja maior nos vertebrados do que nas moscas tsé-tsé. As moscas T. brucei positivas foram testadas quanto à presença de tripanossomas infecciosos humanos e todas elas foram negativas para T. brucei rhodensiense, o que implica um baixo risco de tripanossomíase humana africana na área de estudo. Em conclusão, confirmámos a presença de tripanossomas animais e de vectores responsáveis pela transmissão mecânica e biológica de tripanossomas, bem como de hospedeiros susceptíveis de infecções por tripanossomas. Verificou-se que factores como a presença de uma variedade de animais de caça, a distância do Parque Nacional e a densidade dos vectores afectam as taxas de infeção das moscas tsé-tsé. Além disso, a presença de espécies de tripanossomas, dos seus vectores e de hospedeiros susceptíveis na mesma área representa um risco significativo para estes hospedeiros susceptíveis contra a tripanossomíase. Consequentemente, o estudo aponta para a importância de regimes estratégicos de controlo de vectores em zonas de interface pecuária-vida selvagem, de modo a reduzir o risco e a transmissão da tripanossomíase animal e humana.

CAPÍTULO 4

4.1 DEBATE GERAL

Este estudo foi realizado para determinar a abundância relativa de moscas tsé-tsé, a sua distribuição em diferentes habitats, bem como as taxas de infeção no distrito de Simanjiro, no norte da Tanzânia. Foram obtidas várias conclusões de interesse científico neste estudo.

Em primeiro lugar, este estudo confirmou a associação entre a distribuição da mosca tsé-tsé e o tipo de actividades antropológicas. A literatura mostra que as actividades antropológicas, o clima, a disponibilidade de hospedeiros, bem como a presença de um habitat adequado para a mosca tsé-tsé (cobertura do solo) são os principais factores que determinam a distribuição da mosca tsé-tsé numa área. Os resultados do presente estudo mostraram que apenas três espécies de moscas, G. swynnertoni, G. m. morsitans e G. pallidipes, se encontram na área de estudo e que a sua densidade aparente varia de um local para outro. Assim, as áreas com elevadas actividades humanas mostraram ter uma baixa densidade de moscas tsé-tsé. Os nossos resultados coincidem com os anteriormente descritos (Munang'andu et al., 2012, Malele 2011, 2003). Além disso, os criadores de gado na área de estudo relataram a utilização de acaricidas para evitar que o seu gado fosse picado pela mosca tsé-tsé, um fenómeno que causou a redução da densidade da mosca tsé-tsé. A utilização de acaricidas no gado é, por conseguinte, uma razão potencial para a menor densidade de moscas tsé-tsé registada nas áreas de pastagem de gado em comparação com outras áreas, onde foram colocadas armadilhas para moscas tsé-tsé.

Em segundo lugar, neste estudo verificou-se que a presença de vida selvagem teve impacto na distribuição das moscas tsé-tsé. Foi documentada uma maior abundância de moscas tsé-tsé em áreas com maior concentração de vida selvagem. Este facto está de acordo com resultados anteriores que confirmam a relação entre o movimento de espécies de moscas tsé-tsé e a migração de animais de caça (Allsopp, 1972, Allsopp, 1972b). A nossa área de estudo faz fronteira com o Parque Nacional de Tarangire. A migração de animais selvagens do Parque Nacional de Tarangire para as planícies de Simanjiro tem sido um fenómeno comum desde há vários anos (Kahurananga; 1997, Gereta, 2004). Por conseguinte, a densidade da mosca tsé-tsé na área de estudo foi mais influenciada pela fauna selvagem do que pelo gado, uma vez que a maior parte do gado estava protegida por acaricidas. Os nossos resultados têm implicações na epidemiologia da tripanossomíase, considerando que algumas espécies de animais selvagens são hospedeiros reservatórios de certas espécies de tripanossomas, que também foram encontrados na área de estudo. Este estudo sugere que as planícies de Simanjiro podem ser um epicentro potencial para a tripanossomíase animal, tendo em conta o círculo vicioso de moscas vectoras (G. swynnertoni, G. m. morsitans), parasitas (T. vivax, T. brucei e T. congolense), bem como hospedeiros reservatórios dos respectivos tripanossomas, incluindo leões, hienas-pintadas, zebras, patos-d'água e girafas, que se encontravam todos disponíveis na área de estudo.

Em terceiro lugar, a densidade da mosca tsé-tsé aumentou em direção ao Parque Nacional de Tarangire, uma vez que as armadilhas foram colocadas longe das residências humanas. No entanto, este estudo também concluiu que a proximidade do Parque Nacional de Tarangire, por si só, não justificava o aumento da densidade da mosca tsé-tsé, mas que a presença de um habitat adequado para determinadas moscas constituía um fator importante. Os dados deste estudo mostraram que o grupo Morsitans de moscas tsé-tsé preferia bosques abertos, bem como vegetação do tipo bosque, o que foi anteriormente referido por Swallow, 2000 e Rogers, 1979. Além disso, estudos anteriores referiram que as alterações da cobertura do solo, incluindo a invasão humana e pecuária, o abate de arbustos para fins agrícolas, a colonização e o sobrepastoreio conduzem à destruição de habitats adequados para as moscas tsé-tsé (Muriuki, 2003). Estes factores podem potencialmente levar ao desaparecimento das moscas tsé-tsé dos habitats destruídos e influenciar a sua migração para habitats mais adequados existentes em áreas conservadas. Em consonância com estas conclusões, o presente estudo também mostrou que as alterações da cobertura do solo influenciaram a abundância relativa das moscas tsé-tsé. A preferência de G.swynnertoni por vegetações do tipo Combretum e Acacia spp, tal como foi previamente descrita por Jackson, também foi documentada neste estudo. Deste estudo conclui-se, portanto, que as áreas com uma variedade de espécies de vida selvagem, cobertura vegetal adequada (vegetação) e distância das actividades humanas, em conjunto ou isoladamente, favorecem a densidade das moscas tsé-tsé.

Em quarto lugar, as diferentes espécies de mosca tsé-tsé mostraram preferências diferentes pelas armadilhas. Assim, a preferência parece ser determinada pela cor da armadilha (azul e preta), pela sua forma e construção, bem como pelo tipo de atractivos químicos (acetona, fenóis e octanol). Estas descobertas de que as moscas tsé-tsé são atraídas de forma diferente por diferentes formas, cores e odores foram discutidas anteriormente (Leak, 1999). Além disso, as armadilhas móveis demonstraram ser altamente atractivas para a G. pallidipes, independentemente de serem de cor branca e de serem colocadas sem a utilização de atractivos químicos. Os resultados deste estudo estão também de acordo com os de Shaw et al (2007) e Malele et al (2003) sobre a relutância de alguns membros do grupo G. morsitans em cair em armadilhas fixas em vez de armadilhas móveis. Esta explicação parece ser a razão mais atraente para a preferência das armadilhas do G. pallidipes por objectos em movimento, tal como evidenciado no presente estudo.

Por último, dos três tripanossomas identificados na zona, T. congolense, T. vivax e T. brucei, verificou-se que T. vivax era uma espécie predominante de tripanossomas na zona de estudo. Devido ao facto de T. vivax poder ser transmitido não só por moscas tsé-tsé mas também por outras moscas que picam, por exemplo, stomoxys e tabanídeos, o risco de os bovinos contraírem tripanossomíase na zona pode ser mais elevado do que a prevalência de moscas tsé-tsé registada neste estudo (Desqueness e Dia, 2003(a), Desqueness e Dia 2003(b), Desqueness e Dia (2004). Sabe-se também que as moscas tsé-tsé podem viver até nove meses, pelo que, se uma mosca infetada sobreviver mais tempo, aumenta as hipóteses de transmitir tripanossomas a um grande número de hospedeiros, uma vez que continuam a alimentar-se.

4.2 CONCLUSÃO

Neste estudo, colocou-se a hipótese de que, em primeiro lugar, existem várias espécies de moscas tsé-tsé a circular na área de estudo. Em segundo lugar, existem tripanossomas infecciosos tanto para o homem como para o gado. Os dados foram recolhidos no início de julho e agosto de 2014, utilizando armadilhas F3, bem como a armadilha Epsilon, uma vez que esta foi previamente recomendada pelo PAAT para as espécies de moscas tsé-tsé das savanas na África Oriental. As principais conclusões deste estudo foram a identificação de G. swynnertoni, G. pallidipes e G.m.morsitans como espécies de moscas tsé-tsé que circulam no distrito de Simanjiro, bem como a presença de tripanossomas infecciosos do gado T. vivax, T. brucei e T. congolense em moscas tsé-tsé recolhidas na área. A taxa de infeção estabelecida por ITS-PCR foi de 3% e o T. vivax confirmou ser a espécie de tripanossoma mais prevalecente no distrito de Emblooret. A localização geográfica da área de estudo demonstrou proporcionar um ambiente favorável para as moscas tsé-tsé devido à disponibilidade de vida selvagem nas proximidades.

Verificou-se que a densidade e a distribuição da mosca tsé-tsé na área são influenciadas pela presença/ausência de hospedeiros, em particular animais de caça, cobertura vegetal, distância da residência humana e do Parque Nacional de Tarangire, bem como actividades antropológicas.

A aparente abundância de moscas, bem como a presença de tripanossomas nas moscas tsé-tsé, confirma o risco de infeção do gado pela tripanossomíase animal no distrito de Simanjiro. No entanto, não nos foi possível determinar as possíveis fontes de infeção, se provinham do gado ou de animais de caça. Este estudo não revelou a presença de tripanossomas infecciosos humanos na área de estudo. Estes resultados apontam para a importância de adotar medidas de controlo para reduzir a densidade da mosca tsé-tsé em torno da área de estudo, a fim de proteger o gado e os seres humanos.

4.3 RECOMENDAÇÕES

Este estudo recomenda o seguinte

- A utilização de técnicas moleculares para identificar espécies de moscas tsé-tsé em vez de caraterísticas morfológicas.
- Amostragem simultânea de vertebrados e invertebrados hospedeiros de tripanossomas para evitar enviesamentos.
- Amostragem prolongada para determinar a influência da sazonalidade na dinâmica das populações de moscas tsé-tsé, bem como a sua taxa de infeção por tripanossomas.
- Uma vez que algumas espécies de tripanossomas, por exemplo *T. vivax*, podem ser

transmitidas por vectores mecânicos, o estudo recomenda o rastreio de outras moscas que picam e que são conhecidas por serem vectores mecânicos de tripanossomas, ou seja, stomoxys e tabanídeos.

APÊNDICES

Abundância relativa das espécies de moscas tsé-tsé e respectivas taxas de infeção em Simanjiro, no Norte da Tanzânia

L P Salekwa[1] H J Nnko[1] , A Ngonyoka[1] , A B Estes[1,2] , M Agaba[1,3] e P S Gwakisa[1,4]

[1] Instituição Africana de Ciência e Tecnologia Nelson Mandela. Escola de Ciências da Vida e Bioengenharia. P.O.Box 447, Arusha.Tanzânia.

[1,2]Institutos Huck de Ciências da Vida, Universidade Estadual da Pensilvânia, EUA

[1,3]Biociências da África Oriental e Central, Instituto Internacional de Investigação Pecuária, Nairobi, Quénia

[1,4]Centro de Ciências do Genoma, Departamento de Microbiologia Veterinária e Parasitologia. Faculdade de Medicina Veterinária, Universidade de Agricultura de Sokoine, Morogoro, Tanzânia.

*Autor correspondente: Instituição Africana de Ciência e Tecnologia Nelson Mandela. Escola de Ciências da Vida e Bioengenharia. P. O. Box 447, Arusha.Tanzânia. salekwal@nm-aist.ac.tz.

RESUMO

Este estudo foi realizado para determinar a prevalência de tripanossomas, infecciosos para o gado e para os seres humanos, nas moscas tsé-tsé capturadas no distrito de Simanjiro, que faz fronteira com o Parque Nacional de Tarangire, no norte da Tanzânia. Foi capturado um total de 1000 moscas tsé-tsé durante a estação semi-seca, em julho e agosto de 2014, utilizando armadilhas F 3 e Epsilon. Os resultados revelaram que Glossina swynnertoni é a espécie mais abundante (72%), seguida de Glossina morsitans morsitans (21%) e Glossina pallidipes (7%) na área de estudo. O ADN completo da mosca foi extraído de todas as 1000 moscas capturadas na área de estudo. A análise do ADN das moscas para deteção de espécies de tripanossomas revelou uma taxa de infeção global de 3% (30/1000), das quais 13,3% (4/30) moscas estavam co-infectadas com Trypanosoma brucei e Trypanosoma vivax, enquanto 3,3% (1/30) estavam co-infectadas com Trypanosoma congolense e T. vivax. A maioria das moscas (83,3%, 25/30) estava infetada com T. vivax. As três espécies de tripanossomas foram detectadas nas moscas G.swynnertoni, mas a G.m. morsitans transportou T. vivax e T. brucei. Não foram detectados parasitas nas moscas G. pallidipes. Além disso, não foram detectados tripanossomas infecciosos humanos quando as moscas positivas para T. brucei foram analisadas com primers específicos para SRA-PCR. O estudo confirma a presença de tripanossomas infecciosos para o gado e a ausência de tripanossomas infecciosos para o homem nas moscas tsé-tsé capturadas na área de estudo.

Palavras-chave

Prevalência, Armadilhas, Tripanossomas, Animais selvagens

Introdução

A compreensão da distribuição e da dinâmica da população de moscas tsé-tsé é essencial para compreender a epidemiologia da tripanossomíase humana e animal (Aksoy 2003, Hao et al 2001). Existem cerca de 30 espécies e subespécies conhecidas de moscas tsé-tsé pertencentes ao género Glossina, que se dividem em três grupos ou subgéneros distintos: Austenia (grupo G. fusca), Nemorhina (grupo G. palpalis) e Glossina (grupo G. morsitans). Estas espécies variam em termos de distribuição e capacidade de transmissão da tripanossomíase (Haoet al) 2001,Jamonneau et al 2004,Walshe et al 2009). A G. pallidipes, a G. brevipalpis, a G. m. moristans e a G. swynertoni foram consideradas importantes na transmissão da tripanossomíase tanto em bovinos como em seres humanos (Auty et al 2012a, Malele et al 2003, Sindato et al 2007) nas regiões do norte da Tanzânia. A distribuição das moscas tsé-tsé é determinada pelo clima e influenciada pela altitude, vegetação e disponibilidade de hospedeiros. O movimento das moscas tsé-tsé, por outro lado, é afetado por factores como a humidade, a disponibilidade de sombras, a densidade de hospedeiros e as plumas de odores.

Sabe-se que várias espécies de tripanossomas infectam os bovinos, incluindo T. congolense, T. brucei brucei e T. vivax (OMS, centro de média, 2012). Estes causam Tripanossomíase Africana Animal (TAA) ou Nagana no gado, o que resulta em perda de animais e redução da produtividade. Sabe-se que o T. brucei rhodensience e o T. brucei gambiense infectam os seres humanos, causando a tripanossomíase humana africana (HAT) ou doença do sono. O T. brucei rhodensience é comum na África Oriental, enquanto o T. b. gambiense é comum na África Ocidental. Estes são conhecidos por causar a forma aguda e crónica da doença, respetivamente (Aksoy 2003, Jamonneauet al 2004, Roditi e Lehane 2008). As espécies de tripanossomas presentes nas moscas tsé-tsé variam consoante a fauna local e as preferências alimentares das moscas (Kuboki et al 2003).

A região ITS (Internal Transcribed Spacer) é uma região conservada do rDNA com tamanhos variáveis em todas as espécies de tripanossomas, que pode ser utilizada para fins de diagnóstico. Está provado que o ITS tem uma elevada sensibilidade na discriminação de todas as espécies de tripanossomas com base no tamanho do amplicon (Njiru et al., 2005). A presença de um gene (SRA) que confere resistência à sobrevivência no soro humano foi utilizada como método de diagnóstico para diferenciar entre tripanossomas infecciosos e não infecciosos para o homem (Radwanska et al 2002).

A tripanossomíase tem sido um desafio para as comunidades pastoris devido aos seus efeitos sobre o gado e a saúde humana. A dinâmica da atividade humana, incluindo a agro-pastorícia, a interface entre o gado e a vida selvagem e os factores sócio-ecológicos-ambientais que a impedem, têm sido as principais razões para o aumento da tripanossomíase em algumas sociedades. Os agro-pastoris Maasai do norte da Tanzânia foram forçados a deslocar-se para novas áreas à procura de boas pastagens e água para o seu gado, bem como de áreas para a agricultura. Algumas das novas áreas da estepe Maasai estão infestadas de moscas tsé-tsé, com uma interface entre a vida selvagem, o gado e os seres humanos, podendo, por conseguinte, expor as pessoas e o seu gado a um risco acrescido de tripanossomíase. O objetivo deste estudo foi determinar a abundância relativa das espécies de mosca tsé-tsé e as suas taxas de infeção com tripanossomas humanos e animais no distrito de Simanjiro, na fronteira com o Parque Nacional de Tarangire.

Metodologia

Local de estudo

As moscas tsé-tsé foram recolhidas no distrito de Simanjiro, no norte da Tanzânia, que se situa entre 3052' e 4024' a sul e 36005'e 36039' a leste. O distrito faz fronteira com o Parque Nacional de Tarangire no lado oriental. O estudo foi realizado em julho e agosto de 2014. A precipitação anual no distrito de Simanjiro é de 650 mm por ano e a temperatura varia entre 18-30°C. A população, de acordo com o censo de 2012, era de 178.693 e a variação da população foi de +2,37% por ano. Simanjiro cobre 19928,1 km^2 e a maior parte está coberta por bosques abertos, florestas arbustivas e vegetação de prados. Partes do distrito são uma importante área de dispersão de vida selvagem, o que coloca os seres humanos e a vida selvagem em contacto e, por vezes, em conflito. Os animais selvagens encontrados na área de interface incluem babuínos, búfalos, chitas, elefantes, elandes, girafas, gazelas, grandes kudus, impalas, pequenos kudus, leões, hienas-pintadas, macacos, javalis, gnus, cães selvagens e zebras. As principais actividades económicas do distrito são a criação de gado e a agricultura.

Amostragem

Foram utilizadas as armadilhas Epsilon e F3, que se revelaram anteriormente mais eficazes na captura de moscas tsé-tsé em vegetação de savana na África Oriental, incluindo a parte norte da Tanzânia. As referências geográficas dos sítios e da localização das armadilhas foram obtidas através do Sistema de Posicionamento Global. Foi utilizada uma combinação dos seguintes atractivos: fenol, octanol e acetona para aumentar as capturas da mosca tsé-tsé. A acetona e o octanol foram mantidos em garrafas de plástico com um orifício de quase 4 mm no topo da tampa dos recipientes de plástico, enquanto o fenol em pequenas saquetas foi mantido em pequenos bolsos na parte da frente da respectiva armadilha. As áreas de amostragem foram classificadas como estando perto de residências, áreas de pastagem de animais ou perto do Parque Nacional de Tarangire. Em cada categoria de área de amostragem, foram identificados 3 locais e colocadas 4 armadilhas em cada local, na proporção de 3:1 Epsilon e F 3, respetivamente.

A amostragem estratificada foi utilizada para distribuir os sítios em diferentes tipos de vegetação em cada categoria específica. As armadilhas foram colocadas a 200 m de distância em nove locais nas três categorias identificadas. Para permitir a captura máxima durante o dia, as armadilhas foram colocadas debaixo de árvores. As tsé-tsé capturadas foram colhidas de 24 em 24 horas, contadas e classificadas por espécie e sexo. Um total de 1000 moscas foram colhidas e conservadas individualmente em tubos eppendorf contendo etanol absoluto até à análise laboratorial.

Extração de ADN

O ADN foi extraído de cada mosca. As moscas tsé-tsé foram desintegradas por trituração com um pilão manual e o ADN foi extraído utilizando o protocolo de precipitação de acetato de amónio para extração de ADN com base no protocolo descrito por Bruford et al (1998). As amostras de ADN foram armazenadas a - 20^0 C até análise posterior.

Identificação de tripanossomas por PCR

A reação em cadeia da polimerase (PCR) para identificação das espécies de tripanossomas foi efectuada em pools específicos de moscas, sendo cada pool constituído pela mistura de 10 amostras individuais de ADN em volumes iguais. As amostras individuais de ADN de qualquer pool positivo foram posteriormente analisadas a fim de estabelecer a prevalência das espécies de tripanossomas. As amplificações por PCR visando o gene ITS1 foram efectuadas num volume total de 15 μl contendo 7,5μl de mistura principal Dream Taq, 200nM de primers forward e reverse e 3. 9μl de água sem nuclease. Os produtos da PCR foram separados em géis de agarose a 2 % corados com verde e os resultados positivos foram identificados com base nos tamanhos dos produtos da PCR correspondentes a 300 pb para T. vivax, 400 pb para T. brucei e 700 pb para T. congolense savannah. As amostras positivas para T. brucei foram ainda testadas utilizando iniciadores de amplificação do gene SRA para identificar os tripanossomas infecciosos humanos. As sequências dos iniciadores e as condições de ciclo são apresentadas no quadro 1.

Table1: Primers sequences and their cycling conditions

Target	**Sequences**	**Authors**
ITS 1	CF 5'-CCG GAA GTT CAC CGA TAT TG-3' BR 5'-TTG CTG CGT TCT TCA ACG AA-3' Cycling conditions: 94 C for 3min followed by 30 cycles of 94 C for 30sec, 55 C for 30sec, 70 C for 30sec and lastly at 72 C for 10 min.	Njiru et al *2005*
SRA	For 5'-ATAGTGACAAGATGCGTACTCAACGC-3' Rev5'- ATGTGTTCGAGTACTTCGGTCACGCT3'	Radwanska et al 2002

Cycling conditions: 94 C for 10min, 35cycles of 94 C for 1min, 68 C for 1min and 72C for 60sec and lastly by 72 C for 10 min

RESULTADOS

Abundância de espécies de moscas tsé-tsé

Verificou-se a ocorrência de três espécies de moscas na área de estudo, sendo G. swynnertoni a mais abundante (72%), seguida de G. morsitans morsitans (21%) e G. pallidipes (7%). Um total de 79,9% das moscas capturadas eram não tenerais, enquanto 20,1% eram moscas tenerais (Quadro 3). Além disso, 53,1% de todas as moscas eram fêmeas e 46,9% eram machos. A densidade aparente de moscas capturadas nas armadilhas era geralmente 50% inferior ao total de moscas observadas em redor das armadilhas. As moscas que pousaram nas armadilhas mas não caíram nos frascos de captura não foram registadas ou recolhidas para este estudo. Foram capturadas poucas moscas em locais situados perto de actividades humanas, ao passo que se observou uma maior densidade de moscas tsé-tsé em locais situados numa zona de pastagem animal e perto do Parque Nacional de Tarangire (Quadro 2). Foram encontrados grandes grupos de gado a alimentar-se em locais próximos de residências humanas e os agricultores referiram a aplicação de acaricidas no gado para evitar as picadas de mosca tsé-tsé. Além disso, várias espécies de animais de caça foram encontradas em grande concentração em sítios localizados na zona de pastagem, bem como perto do Parque Nacional de Tarangire.

Table 2: Apparent density of tsetse flies in different sites of the study area

Area category	Sites	Apparent Density
Near humans residence/activities	A	0.05
	B	0.07
	C	0.25
	Total	**0.37**
Grazing zone	D	0.57
	E	8
	F	5.46
	Total	**14.03**
Near Tarangire National Park	H	13.57
	I	2.02
	G	0.79
	Total	**16.38**

Embora a preferência por armadilhas tenha sido indicada para as três espécies de moscas, a associação entre o tipo de armadilha e as espécies de moscas não foi significativa. Assim, G. m. morsitans mostrou preferência pelas armadilhas Epsilon, embora algumas capturas também tenham sido encontradas nas armadilhas F3. G. m. morsitans mostrou menor preferência por objectos móveis. A G. pallidipes preferiu os objectos móveis, seguidos das armadilhas F3 e Epsilon. As capturas de G. swynnertoni foram principalmente encontradas em F3, seguidas de Epsilon, enquanto os objectos móveis foram a armadilha menos preferida por G. swynnertoni (Figura 1).

Table 3: Trap preference of Tsetse flies

Fly Species	Type of traps			
	Epsilon	**F3**	**Moving object**	**Total (N, %)**
G. m. morsitans	166	48	0	214 (21. 4)
G. pallidipes	38	13	16	67 (6. 7)
G. swynnertoni	478	170	71	719 (71. 9)
Total*	682	231	87	1000 (100)[2]

2

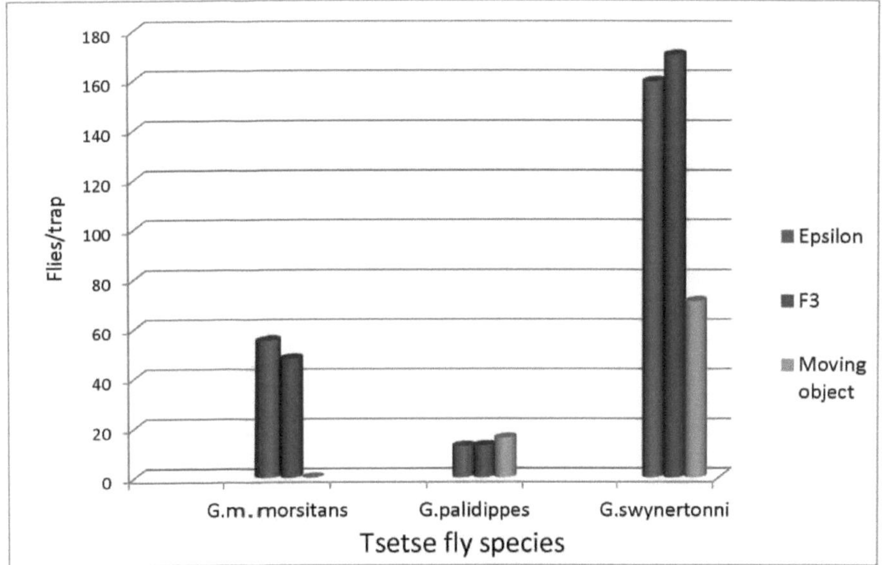

Figura 1: Preferência das armadilhas pelas diferentes espécies de mosca tsé-tsé

Prevalência de espécies de Trypanosoma em moscas tsé-tsé

Nove de 100 pools de ADN constituídos por 1000 moscas continham um sinal de PCR positivo para a presença de tripanossomas. Uma análise mais aprofundada de amostras individuais de ADN de moscas revelou que 30 moscas eram positivas para espécies de tripanossomas. Verificou-se que todas as moscas positivas foram capturadas em zonas de pastagem de gado e nas proximidades do Parque Nacional de Tarangire, onde o tipo de vegetação era ou prado arborizado ou prado. A frequência das

[2] *799 em 1000 moscas não eram gerais, como demonstrado pela presença de farinha de sangue.

espécies de tripanossomas foi de 100% (30/30) para T. vivax, 13% (4/30) para T. brucei e 3% (1/30) para T. congolense. Enquanto todas as três espécies de tripanossomas foram encontradas em G. swynnertoni, apenas T. vivax e T. brucei foram detectados em G. m. morsitans. Além disso, T. brucei e T. congolense só foram detectados em co-infeção com T. vivax, dando uma prevalência de 16% de co-infeção em moscas tsé-tsé. Não se registou uma associação significativa entre as espécies de moscas e os tripanossomas nelas encontrados (Quadro 4). Quando as quatro amostras positivas de T. brucei foram testadas para a deteção de T. brucei rhodensiense utilizando o teste SRA-PCR, não se registaram resultados positivos.

Quadro 4: Taxas de infeção de moscas tsé-tsé com diferentes espécies de tripanossomas

Fly species	Trypanosomes species				
	T. v	*T. v/T. b*	*T. v/T. c*	Negative	Total
G. m. morsitans	9	2	0	203	214
G. palidippes	0	0	0	67	67
G. swynnertoni	21	2	1	695	719
Total	30	4	1	965	1000[3]

DISCUSSÃO

As moscas tsé-tsé foram menos abundantes em áreas mais próximas da atividade humana, tais como áreas de pastagem de gado, áreas agrícolas, bem como residências humanas. Esta constatação demonstrou que as actividades humanas referidas neste estudo têm uma influência significativa na abundância de moscas tsé-tsé. A baixa abundância de moscas tsé-tsé perto de actividades humanas, bem como em áreas onde foram encontrados grupos de gado, é atribuída aos esforços de controlo da mosca tsé-tsé por parte dos agricultores através da utilização de insecticidas no gado. A maioria dos agricultores entrevistados na área de estudo referiu que mergulhava ou pulverizava o seu gado para evitar que este fosse picado pela mosca tsé-tsé. Os nossos resultados confirmam as conclusões anteriores de Malele et al (2011) e Munang'andu et al (2012) de que as actividades antropogénicas representam uma ameaça significativa de redução do habitat da mosca tsé-tsé.

O aumento das capturas de moscas tsé-tsé observado mais perto do Parque Nacional de Tarangire confirma a relação entre a densidade de animais selvagens e a abundância de moscas tsé-tsé. Nas zonas onde não há gado ou onde são utilizados acaricidas no gado, a fauna selvagem é a única fonte de farinha de sangue para as moscas tsé-tsé. No nosso estudo, a maioria das moscas (79,9%) não era geral, e estas foram apanhadas em armadilhas colocadas mais perto da fauna selvagem. Estes

[3] Quadro 4: Os números mostram as contagens de moscas tsé-tsé infectadas ou co-infectadas com determinadas espécies de tripanossomas. Valor do qui-quadrado = 0,488 < 12,592.

resultados verificam que os factores ecológicos, que apoiam a sobrevivência das espécies selvagens, também fornecem um habitat adequado para as moscas tsé-tsé vectoras, o que também foi relatado por (Van den Bossche et al 2010), (Malele et al 2011)

No presente estudo, a preferência por armadilhas variou entre as espécies de moscas tsé-tsé. Em relação às armadilhas fixas, as moscas G. swynnertoni foram mais atraídas por objectos em movimento do que as outras duas espécies de moscas detectadas neste estudo. Além disso, observou-se que, apesar do grande número de moscas à volta das armadilhas, menos de 50% das moscas entraram na armadilha. Por conseguinte, a densidade aparente de moscas, medida pelo número de moscas capturadas, foi inferior ao número real de moscas na zona de estudo. A relutância da mosca tsé-tsé em cair nas armadilhas é um fenómeno aparentemente comum e os nossos resultados estão de acordo com um estudo anterior realizado por (Malele 2012, Shaw et al 2007) para moscas tsé-tsé Morsitans, em que apenas 37-40% das moscas que se aproximavam de uma armadilha pousavam nela.

As três espécies de moscas tsé-tsé, G. swynnertoni, G. m. morsitans e G. pallidipes estão entre as espécies de moscas comuns registadas nas vegetações de Savana, das quais o distrito de Simanjiro faz parte. A abundância destas espécies também foi anteriormente registada no Norte da Tanzânia, em redor do Parque Nacional de Tarangire, por (Adams et al 2008,Malele et al 2007) e Sindato et al (2007). Duas das espécies de moscas encontradas neste estudo, G. swynnertoni e G. m. morsitans, têm particular importância na epidemiologia da tripanossomíase animal. Em primeiro lugar, estas moscas foram capturadas em zonas de interface onde o gado e a fauna selvagem pastam. Em segundo lugar, as duas espécies de moscas foram todas infectadas por espécies de tripanossomas que circulam na zona de estudo. Além disso, a G. swynnertoni demonstrou uma importância epidemiológica significativa devido ao facto de estar infetada com as três espécies de tripanossomas, T. vivax, T. brucei e T. congolense, ao passo que a G. m. morsitans estava infetada apenas por T. vivax e T. brucei. Os nossos dados revelaram ainda co-infeção em 5 de 30 moscas tsé-tsé. Esta descoberta é particularmente importante e é apoiada por factores ecológicos prevalecentes, bem como pela presença de animais selvagens como leões, hienas-pintadas, zebras, patos-d'água e girafas, conhecidos por serem reservatórios de espécies de tripanossomas (Auty et al 2012a).

A espécie de tripanossoma mais prevalente foi o T. vivax. Esta é uma espécie predominante em hospedeiros vertebrados. Por conseguinte, seria de esperar que a sua prevalência fosse elevada na fauna selvagem, bem como no gado que pasta nas zonas de interface. Além disso, todas as moscas infectadas foram apanhadas em zonas de pastagem e perto do Parque Nacional de Tarangire, mas não perto de residências humanas. Quando as moscas T. brucei positivas foram testadas para detetar a presença de tripanossomas infecciosos humanos, todas elas foram negativas para T. brucei rhodensiense, o que implica a ausência de risco de tripanossomíase humana africana na área de estudo.

Em conclusão, confirmámos a presença de tripanossomas animais mas a ausência de tripanossomas infecciosos para o homem na área de estudo. A abundância de moscas tsé-tsé, bem como a sua infeção com tripanossomas, mostraram estar associadas a actividades antropológicas. A distância ao Parque Nacional de Tarangire parece ser um fator que determina a abundância de moscas tsé-tsé. O nosso estudo aponta, portanto, para a importância de regimes estratégicos de controlo de vectores em zonas de interface pecuária-vida selvagem, de modo a reduzir o risco e a transmissão da tripanossomíase animal e humana pela vida selvagem.

REFERÊNCIAS

Adams, E., Hamilton, P., Malele, I., e Gibson, W. (2008); A identificação, diversidade e prevalência de tripanossomas em tsé-tsé capturadas no terreno na Tanzânia utilizando primers ITS-1 e códigos de barras fluorescentes de comprimento de fragmentos. Infeção, Genética e Evolução. 8: 439444.

Adams, E., Malele, I., Msangi, A., e Gibson, W. (2006); Identificação de tripanossomas em populações selvagens de tsé-tsé na Tanzânia utilizando primers genéricos para amplificar a região ITS-1 do RNA ribossómico. Ata tropica. 100: 103-109.

Aksoy, S. (2003); Controlo da mosca tsé-tsé e dos tripanossomas através da genética molecular. Parasitologia veterinária. 115: 125-145.

Allsopp, R. (1972); The role of game animals in the maintenance of endemic and enzootic trypanosomiases in the Lambwe Valley, South Nyanza District, Kenya. Boletim da Organização Mundial de Saúde. 47: 735.

Allsopp, R., Baldry, D., e Rodrigues, C. (1972); The influence of game animals on the distribution and feeding habits of Glossina pallidipes in the Lambwe Valley. Boletim da Organização Mundial de Saúde. 47: 795.

Anderson, N. E., Mubanga, J., Fevre, E. M., Picozzi, K., Eisler, M. C., Thomas, R., e Welburn, S. C. (2011); Caracterização da comunidade de reservatórios de animais selvagens para a tripanossomíase humana e animal no Vale de Luangwa, Zâmbia. PLoS doenças tropicais negligenciadas. 5: e1211.

Auty, H., Anderson, N. E., Picozzi, K., Lembo, T., Mubanga, J., Hoare, R., Fyumagwa, R. D., Mable, B., Hamill, L., e Cleaveland, S. (2012a); Trypanosome diversity in wildlife species from the Serengeti and Luangwa Valley ecosystems. PLoS doenças tropicais negligenciadas. 6: e1828.

Auty, H. K., Picozzi, K., Malele, I., Torr, S. J., Cleaveland, S., e Welburn, S. (2012b); Utilização de dados moleculares para inferência epidemiológica: avaliação da prevalência de Trypanosoma brucei rhodesiense em tsé-tsé em Serengeti, Tanzânia. PLoS doenças tropicais negligenciadas. 6: e1501.

Bouyer, J., Pruvot, M., Bengaly, Z., Guerin, P. M., e Lancelot, R. (2007); Learning influences host choice in tsetse. Biology letters. 3:113-117.

Bruford, M. Hanotte 0., Brookfield J.F.Y., and Burke T. (1998);Multilocus and single-locus DNA fingerprinting In; Molecular genetic analysis of populations: a practical approach, 2nd edition. IRL; Oxford; pp 287-336

Clausen, P., Adeyemi, I., Bauer, B., Breloeer, M., Salchow, F., e Staak, C. (1998); Host preferences of tsetse (Diptera: Glossinidae) based on bloodmeal identifications. Entomologia médica e veterinária. 12: 169-180.

Desquesnes, M., e Dia, M. L. (2003a);Transmissão mecânica de Trypanosoma vivax em bovinos por um dos tabanídeos africanos mais comuns, Atylotus agrestis. Parasitologia experimental. 103: 35-43.

Desquesnes, M., e Dia, M. L. (2003b); Transmissão mecânica de Trypanosoma congolense em bovinos pelo tabanídeo africano. Atylotus agrestis. Parasitologia experimental. 105: 226-231.

Desquesnes, M., e Dia, M. L. (2004); Transmissão mecânica de Trypanosoma vivax em bovinos pelo tabanídeo africano Atylotus fuscipes. Parasitologia veterinária. 119: 9-19.

Ford, J. (1962); African wildlife and the tsetse fly-borne diseases. Boletim de Doenças Epizoóticas de África. 10: 9-12.

Gereta, E., Meing'ataki, G. E. O., Mduma, S., e Wolanski, E. (2004); O papel das zonas húmidas na migração da vida selvagem no ecossistema de Tarangire, Tanzânia. Wetlands Ecology and Management. 12: 285-299.

Gibson, W. (2009); Sondas específicas da espécie para a identificação dos tripanossomas africanos transmitidos pela tsé-tsé. Parasitologia 136: 1501-1507.

Hao, Z., Kasumba, I., Lehane, M. J., Gibson, W. C., Kwon, J., e Aksoy, S. (2001); Tsetse immune responses and trypanosome transmission: implications for the development of tsetse-based strategies to reduce trypanosomiasis. Actas da Academia Nacional de Ciências. 98: 12648-

12653.

Hotez, P. J., Molyneux, D. H., Fenwick, A., Kumaresan, J., Sachs, S. E., Sachs, J. D., e Savioli, L. (2007); Control of neglected tropical diseases. New England Journal of Medicine. 357: 1018-1027.

Iringana, E., Gori, E., Nyengerai, T., e Chidzwondo, F. (2012); Deteção por reação em cadeia da polimerase (PCR) da infeção mista por tripanossomas e da origem da farinha de sangue em moscas tsé-tsé capturadas no terreno na Zâmbia. Jornal Africano de Biotecnologia. 11: 1449014497

Jamonneau, V., Ravel, S., Koffi, M., Kaba, D., Zeze, D., Ndri, L., Sane, B., Coulibaly, B., Cuny, G., e Solano, P. (2004); Infecções mistas de tripanossomas em tsé-tsé e suínos e o seu significado epidemiológico num foco de doença do sono na Costa do Marfim. Parasitology. 129: 693-702.

Jelinek, T., Bisoffi, Z., Bonazzi, L., van Thiel, P., Bronner, U., de Frey, A., Gundersen, S. G., McWhinney, P., e Ripamonti, D. (2002); Cluster of African trypanosomiasis in travelers to Tanzanian national parks. Emerging Infectious Diseases (Doenças Infecciosas Emergentes). 8: 634-635.

Jordan, A. M. (1986); "Trypanosomiasis control and African rural development," Longman Group Limited.

Kahurananga, j., e Silkiluwasha, F. (1997); A migração de zebras e gnus entre o Parque Nacional de Tarangire e as planícies de Simanjiro, no norte da Tanzânia, em 1972 e tendências recentes. Jornal Africano de Ecologia. 35: 179-185.

Kibona,S., Nkya.G., e Matemba,L. (2004); Situação da doença do sono na Tanzânia. Tanzania Journal of Health Research.4: 27-29.

Kuboki, N., Inoue, N., Sakurai, T., Di Cello, F., Grab, D. J., Suzuki, H., Sugimoto, C., e Igarashi, I. (2003); Loop-mediated isothermal amplification for detection of African trypanosomes. Journal of clinical microbiology 41: 5517-5524.

Lawton, R. (1978); A study of the dynamic ecology of Zambian vegetation (Um estudo da ecologia dinâmica da vegetação da Zâmbia). The Journal of Ecology: 175-198.

Leak, S. (1998); Tsetse biology and ecology: their role in the epidemiology and control of trypanosomosis in association with the International Livestock Research Institute. Nairobi, Quénia; Wallingford: CAB International. 568:pp xxiii.F

Leak, S. G. (1999). "Tsetse biology and ecology: their role in the epidemiology and control of trypanosomosis," ILRI (aka ILCA and ILRAD).

Malele, I., Craske, L., Knight, C., Ferris, V., Njiru, Z., Hamilton, P., Lehane, S., Lehane, M., e Gibson, W. (2003). Utilização de iniciadores específicos e genéricos para identificar infecções por tripanossomas de moscas tsé-tsé selvagens na Tanzânia por PCR. Infection, Genetics and Evolution 3: 271-279.

Malele, I., Kinung'hi, S., Nyingilili, H., Matemba, L., Sahani, J., Mlengeya, T. D. K., Wambura, M., e Kibona, S. (2004). Glossina dynamics in and around the sleeping sickness endemic Serengeti ecosystem of northwestern Tanzania. Jornal de Ecologia Vetorial 32: 263-268.

Malele, I. I. (2012). Cinquenta anos de controlo da tsé-tsé na Tanzânia: desafios e perspectivas para o futuro. Jornal de Investigação em Saúde da Tanzânia 13.

Malele, I. I., Magwisha, H. B., Nyingilili, H. S., Mamiro, K. A., Rukambile, E. J., Daffa, J. W., Lyaruu, E. A., Kapange, L. A., Kasilagila, G. K., e Lwitiko, N. K. (2011). Infecções múltiplas por Trypanosoma são comuns entre as espécies de Glossina nas novas áreas agrícolas do distrito de Rufiji, Tanzânia. Parasitologia Vectores; 4: 217.

Matthiessen, P., e Douthwaite, B. (1985); O impacto das campanhas de controlo da mosca tsé-tsé na vida selvagem africana. Oryx 19: 202-209.

Munang'andu, H. M., Siamudaala, V., Munyeme, M., e Nalubamba, K. S. (2012); Uma revisão dos factores ecológicos associados à epidemiologia da tripanossomíase selvagem nos ecossistemas dos vales de Luangwa e Zambeze na Zâmbia. Perspectivas interdisciplinares sobre doenças infecciosas.

Muriuki, G., Njoka, T., e Reid, R. (2003); Tsé-tsé, vida selvagem e alterações do coberto vegetal no Parque Nacional de Ruma, Sudoeste do Quénia. Journal of Hum. Ecology 14: 229-235.

Muturi, C. N., Ouma, J. O., Malele, I. I., Ngure, R. M., Rutto, J. J., Mithofer, K. M., Enyaru, J., e Masiga, D. K. (2011); Tracking the feeding patterns of tsetse flies (Glossina genus) by analysis of bloodmeals using mitochondrial cytochromes genes. PloS one 6: e17284.

Njiru, Z., Constantine, C., Guya, S., Crowther, J., Kiragu, J., Thompson, R., e Davila, A. (2005); The use of ITS1 rDNA PCR in detecting pathogenic African trypanosomes. Parasitology Research 95: 186-192.

Pollock, J.(1982); Training manual for tsetse control personnel. Volume I. Biologia, sistemática e distribuição da mosca tsé-tsé; técnicas. Manual de formação para o pessoal de controlo da mosca tsé-tsé. Volume I. Biologia, sistemática e distribuição da mosca tsé-tsé; técnicas.

Radwanska, M., Chamekh, M., Vanhamme, L., Claes, F., Magez, S., Magnus, E., de Baetselier, P., Buscher, P., e Pays, E. (2002); The serum resistance-associated gene as a diagnostic tool for the detection of Trypanosoma brucei rhodesiense. The American journal of tropical medicine and hygiene 67: 684-690.

Reichard, R. (2002); Area-wide biological control of disease vectors and agents affecting wildlife. Revue scientifique et technique (Gabinete Internacional de Epizootias) 21: 179185.

Reid, R. S., Kruska, R. L., Muthui, N., Taye, A., Wotton, S., Wilson, C. J., e Mulatu, W. (2000); Land-use and land-cover dynamics in response to changes in climate, biological and socio-political forces: the case of southwestern Ethiopia. Landscape Ecology 15: 339-355.

Roditi, I., e Lehane, M. J. (2008); Interações entre tripanossomas e moscas tsé-tsé. Opinião atual em microbiologia 11: 345-351.

Rogers, D. (1979); Tsetse population dynamics and distribution: a new analytical approach. The Journal of Animal Ecology. 825-849.

Shaw, A., Torr, S., Waiswa, C., e Robinson, T. (2007); Comparative costings of alternatives for dealing with tsetse: Estimates for Uganda. Rome: FAO.

Sindato,C., Malele,I., Mwalimu,C., Nyingilili,H., Kaboya,S., e Kombe,E. (2007); Variação epidemiológica sazonal da tripanossomíase humana africana no distrito de Babati, Tanzânia. Jornal de Investigação em Saúde da Tanzânia. 9: 136-139.

Kombe, E. (2007); Variação epidemiológica sazonal da tripanossomíase humana africana no distrito de Babati, Tanzânia. Jornal de Investigação em Saúde da Tanzânia 9: 136-139.

Swallow, B. M. (2000); "Impacts of trypanosomiasis on African agriculture", Organização das Nações Unidas para a Alimentação e a Agricultura (FAO).

Van den Bossche, P., Rocque, S. d. L., Hendrickx, G., e Bouyer, J. (2010); A changing environment and the epidemiology of tsetse-transmitted livestock trypanosomiasis. Tendências em

Parasitologia 26: 236-243.

Walshe, D. P., Ooi, C. P., Lehane, M. J., e Haines, L. R. (2009); The enemy within: interactions between tsetse, trypanosomes and symbionts. Avanços em fisiologia de insectos 37: 119-175.

Williemse, L., e Takken, W. (1994); Odor-induced host location in tsetse flies (Diptera: Glossinidae). Journal of medical entomology 31: 775-794.

Organização Mundial de Saúde (2012b); Prioridades de investigação para a doença de Chagas, tripanossomíase humana africana e leishmaniose. Série de relatórios técnicos da Organização Mundial da Saúde, v

Zd'arek, J., and Denlinger, D. (1993); Metamorphosis behaviour and regulation in tsetse flies (Glossina spp.)(Diptera: Glossinidae): a review. Bulletin of entomological research 83: 447-461.

Printed by Books on Demand GmbH, Norderstedt / Germany